技工院校电工类专业一体化教材（中级技能层级）

中等职业学校电工类专业一体化教材

电工基础（第二版）学生用书

邵展图　主编

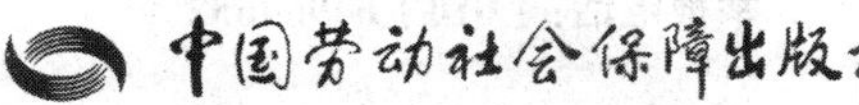

简介

本书是技工院校电工类专业一体化教材（中级技能层级）/ 中等职业学校电工类专业一体化教材《电工基础》（第二版）的配套用书，供学生课堂学习和课后复习使用。本书按照教材课题顺序编写，每个课题均包括“学习目标”“重点难点”“知识结构”“学练过程”“自我检测”等环节。

学习目标——本课题学习目标，指导学生学习方向。

重点难点——提炼本课题重点和难点内容，为学习提供指导。

知识结构——给出本课题知识结构体系，梳理学习层次。

学练过程——与教材配合，引导学生的学习和实践操作过程，提示知识要点。

自我检测——巩固本课题所学知识与技能。

本书由邵展图任主编，鲁劲柏、何薇、沈巧兰、徐丕兵、于德坚参加编写，艾娜任主审。

图书在版编目（CIP）数据

电工基础（第二版）学生用书 / 邵展图主编 . 北京 : 中国劳动社会保障出版社，2024. --（中等职业学校电工类专业一体化教材）（技工院校电工类专业一体化教材 : 中级技能层级）. -- ISBN 978-7-5167-6597-5

Ⅰ. TM1

中国国家版本馆 CIP 数据核字第 20241ZK250 号

中国劳动社会保障出版社出版发行

（北京市惠新东街 1 号　邮政编码：100029）

*

北京市科星印刷有限责任公司印刷装订　　新华书店经销

787 毫米 ×1092 毫米　16 开本　13.25 印张　280 千字

2024 年 11 月第 1 版　　2024 年 11 月第 1 次印刷

定价：25.00 元

营销中心电话：400-606-6496

出版社网址：https://www.class.com.cn

https://jg.class.com.cn

目录

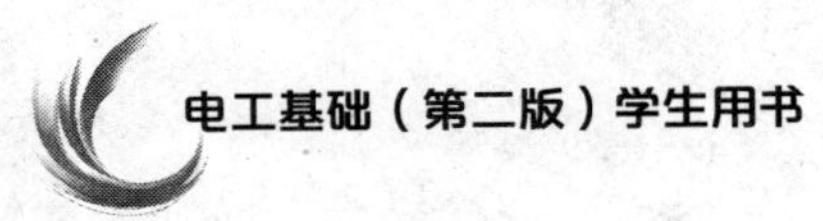

模块一
电路基础知识

课题一　电流和电压

想一想

手电筒、白炽灯、发光二极管……，当它们发光时，所通过的电流有什么不同？电压、电位、电动势之间有什么联系？又有什么区别？

一、学习目标

完成本课题的学习后，应能够：

1. 了解电路的基本组成，认识电路图中常用的图形符号。
2. 理解电流的概念，了解直流电流和交流电流的特点。
3. 理解电压、电位和电动势的概念。
4. 通过实际操作，学会用万用表测量直流电压和直流电流。

二、重点难点

重点：（1）电流和电压的概念。

（2）用万用表测量直流电流和直流电压。

难点：（1）电流和电压的参考方向。

（2）电动势的概念。

三、知识结构

四、学练过程

知识点 1　电路和电路图

电流流通的路径称为电路。

课堂练习

（1）用导线连接图 1–1–1a 中各元件，实现用滑动变阻器调节灯泡亮度的目的。

（2）在图 1–1–1b 的虚线框内画出图 1–1–1a 所示电路的原理图。

（3）写出电路各基本组成元件的作用。

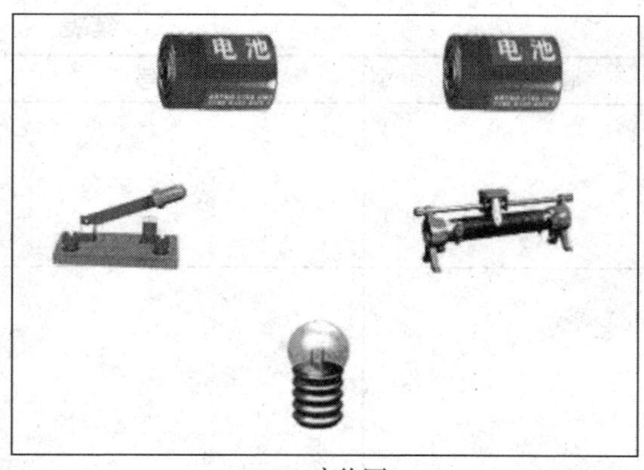

a) 实物图

b) 原理图

图 1–1–1

电源的作用：________________________________；

开关的作用：________________________________；

负载的作用：________________________________；

导线的作用：________________________________。

（4）识别表 1–1–1 中各电气元件，写出各电气元件的名称、图形符号和文字符号。

表 1–1–1

图示	名称	图形符号	文字符号

续表

图示	名称	图形符号	文字符号

要点提示

（1）理解电路图和实际电路的对应关系，既要能根据电路图连接实际电路，又要能根据实际电路画出电路图。

（2）对电路的功能要有全面的认识，即有些电路主要是进行能量的传输和分配，有些电路主要是实现信号的传递和处理。

（3）常用电气元件图形符号和文字符号的画法和写法，一定要以国家标准为依据。要学会查阅相关资料。表 1–1–2 所示为部分常用电气元件的图形符号。

表 1–1–2

图形符号	说明及应用	图形符号	说明及应用
	接地，一般符号		电容器，一般符号
	功能接地		极性电容器， 例如电解电容器
	保护接地		可调电容器
	功能等电位联结		预调电容器

续表

图形符号	说明及应用	图形符号	说明及应用
	线圈、绕组、电感器、扼流圈，一般符号		光电耦合器、光隔离器
	带磁芯的电感器	M 3~	三相鼠笼式感应电动机
	电抗器，一般符号	形式1 形式2	双绕组变压器，一般符号
	半导体二极管，一般符号	形式1 形式2	星形－三角形联结的三相变压器
	发光二极管，一般符号		

知识点 2 电流

电荷有规则的定向运动称为电流。

电流的方向为正电荷移动的方向。

电流计算式为 $I=\frac{Q}{t}$，即单位时间内通过导体横截面的电荷量。

课堂练习

单位换算：台灯灯泡的工作电流约为 0.2 A，等于________μA。

半导体收音机的工作电流约为 50 mA，等于________A。

电子计算器的工作电流约为 100 μA，等于________A。

家用电冰箱的工作电流约为 1 A，等于________mA。

要点提示

（1）形成电流必须具备两个条件：①要有能自由移动的电荷——载流子；②导体两端必须保持一定的电压。

（2）初步了解直流电和交流电的概念：①稳恒直流电流的大小和方向恒定不变；②脉动直流电流的方向不变，大小随时间变化；③交流电流的大小和方向都随时间变化。

（3）二极管的单向导电性：二极管只有外加正向电压时，才有电流通过（这就是一种单向脉动电流），外加反向电压时没有电流。

动手做

测电笔的使用和直流电流的测量

● **实验器材**

测电笔 1 支，直流电流表 1 个，万用表 1 个，干电池（1.5 V）4 节，小灯泡 1 个，电阻 2 个（1 kΩ、2 kΩ 各 1 个），开关若干，导线若干等。

● **实验过程**

1. 练习使用测电笔

练习使用测电笔检查低压电源和电气设备是否带电，保证用电安全。

（1）检查测电笔内安全电阻是否完好，试测某已知带电体（电源插座或配电箱内低压电源接线柱），看氖管是否正常发光。

（2）检查实验室电源插座，看一看，哪些插座带电？

注意：有些同学可能是初次使用测电笔，一定要注意安全！当测电笔的金属笔尖已接触带电体时，严禁用手或身体的其他部位再去接触笔头。

2. 用直流电流表测量直流电流（见图 1–1–2）

选用量程为________的直流电流表，测得流过小灯泡的电流为________mA。

（测量时要注意极性，如发现直流电流表指针反偏，应立即断电改接）

3. 用万用表测量直流电流

（1）测量图 1–1–3 所示电路总电流。开关 S2 闭合，S1 断开，将万用表置于________挡并接入开关 S1 位置，测得电路总电流为________。（当开关 S1 断开时，电路无电流；但

接入万用表后，因万用表置于________挡时内阻很小，相当于开关闭合，使电路形成闭合回路，电路中有电流通过）

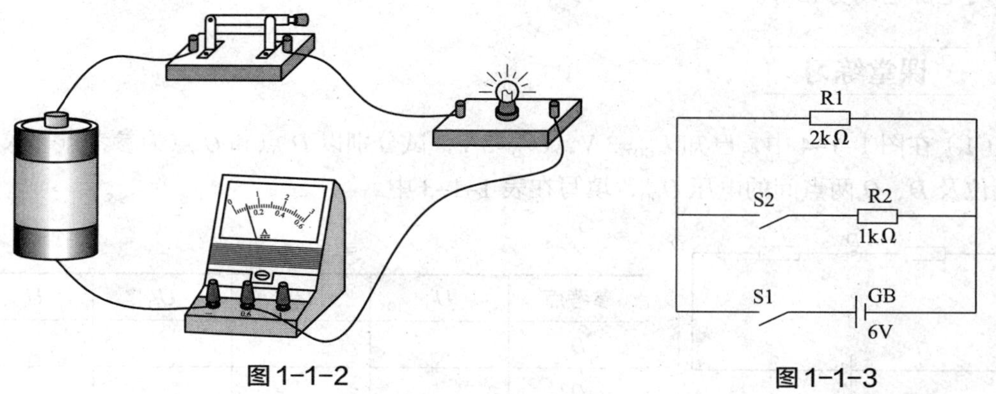

图1-1-2　　　　图1-1-3

（2）测量图 1-1-3 中通过 R2 的电流（写出测量方法和测量值）。

____

____。

（3）测量小收音机的工作电流（写出测量方法和测量值）。

____

____。

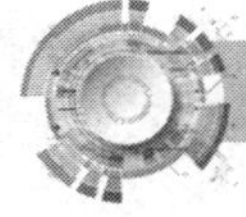

知识点 3　电压、电位和电动势

电场力将单位正电荷从 a 点移到 b 点所做的功称为 a、b 两点间的电压。电压的方向规定为由高电位指向低电位。

电路中某一点与参考点之间的电压称为该点的电位。电位通常用 V 或 φ 表示，为简便起见，本书仍用 U 表示电位。

电源将单位正电荷从电源负极经电源内部移到正极所做的功称为电动势。

要点提示

（1）电位是相对量，其值随参考点的改变而改变。参考点的电位为零，正电位说明该点的电位比参考点高，负电位说明该点的电位比参考点低。

（2）只有在参考点相同的前提下才可以比较两点电位的高低——就像同学之间比身高，只有站在同一平面上才可比。

（3）电路中任意两点之间的电位差就等于这两点之间的电压，故电压又称电位差。两点之间的电压与参考点的选择无关，与路径无关。

（4）电动势只存在于电源内部，而电压不仅存在于电源两端，也存在于电源外部。

（5）电动势的方向规定为由低电位指向高电位，即电位升高的方向。

（6）在有载情况下，电源端电压总是低于电源电动势；只有当电源开路时，电源端电压才与电源电动势相等。

课堂练习

（1）在图 1–1–4 中，已知 U_{CO}=3 V，U_{CD}=2 V，试分别以 D 点和 O 点为参考点，求三点的电位及 D、O 两点间的电压 U_{DO}，填写在表 1–1–3 中。

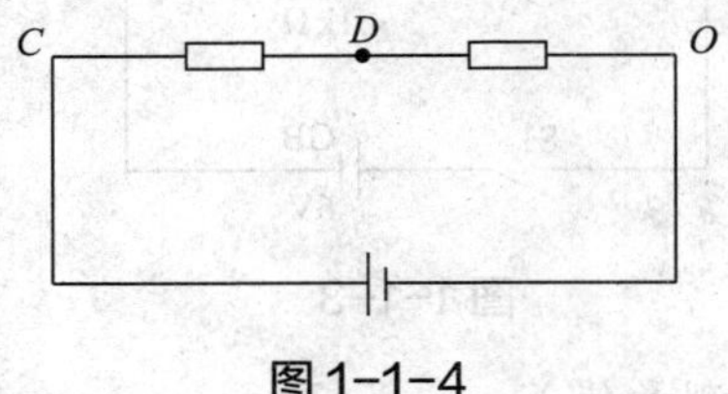

图 1–1–4

表 1–1–3　　V

参考点	U_D	U_C	U_O	U_{DO}
D				
O				

由计算结果可见，参考点改变，各点电位也随之改变，但不管参考点如何变化，两点间的电压是不变的。

（2）在图 1–1–5 中画出直流电动势的两种符号。

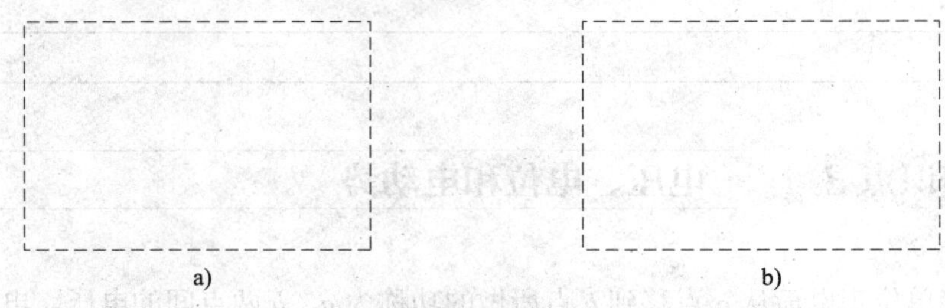

图 1–1–5

动手做

直流电压的测量

● **实验器材**

直流稳压电源 1 台，直流电压表 1 个，万用表 1 个，干电池（1.5 V）2 节，小灯泡 3 个，开关若干，导线若干等。

● **实验过程**

1. 用直流电压表测量直流电压（见图 1–1–6）

选用量程为________的直流电压表，测得小灯泡两端的电压为________V（测量时要注意正负极性）。

2. 用万用表测量直流电压

（1）测量直流稳压电源的输出电压（见图 1–1–7）。将直流稳压电源分别调至 2 V、6 V、24 V，选择万用表适当量程进行测量。

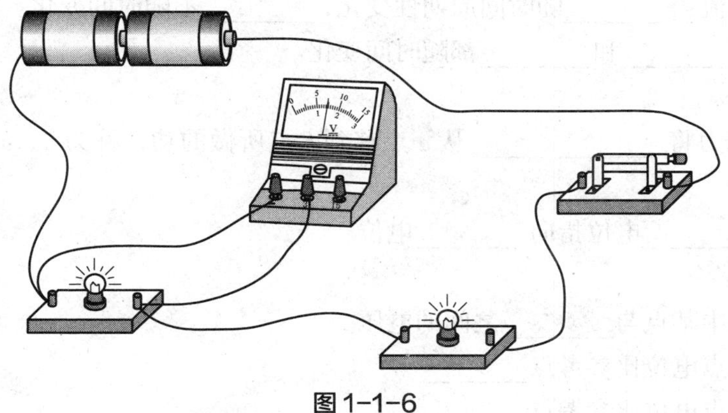

图 1–1–6

（2）测量直流电路中的直流电压。

1）按图 1–1–8 连接实验电路，断开开关 S1 和 S2。

2）将万用表转换开关置于直流电压挡，选择适当的量程，测量电源两端的电压 U_1 为________V。

3）闭合开关 S1，用万用表测量电源两端的电压 U_1' 为________V，小灯泡 HL2 两端的电压 U_2 为________V。

4）闭合开关 S1 和 S2，用万用表测量小灯泡 HL2 两端的电压 U_2' 为________V，小灯泡 HL3 两端的电压 U_3 为________V。

体会用万用表测量直流电压和用直流电压表测量直流电压的不同。

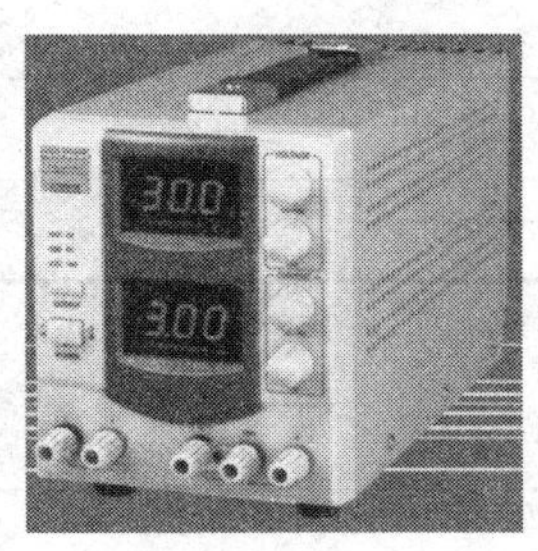

图 1–1–7

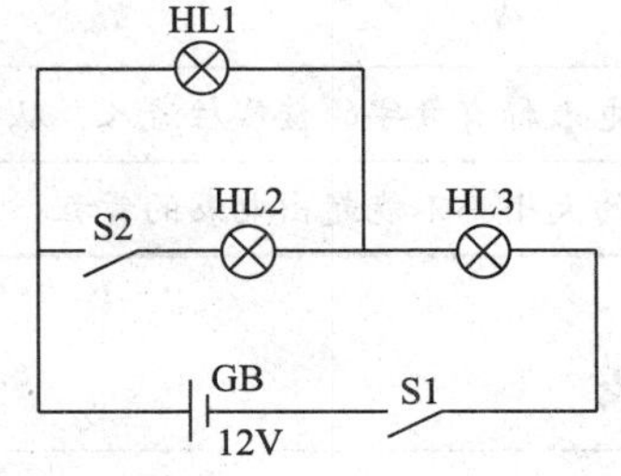

图 1–1–8

课题小结

（1）电流。

定义：电荷有规则的________运动。

方向：________电荷移动的方向。

类型：直流电流（________直流电流、________直流电流）和________电流。

稳恒直流电流：________和________不变。

脉动直流电流：________随时间周期性变化，________不随时间变化。

交变电流：________和________都随时间变化。

（2）电压。

定义：电场力将______________从 a 点移到 b 点所做的功，称为 a、b 两点间的电压，用 U_{ab} 表示。

方向：由________电位指向________电位。

（3）电位。

定义：电路中某点与________之间的电压。

正电位：该点电位比参考点________。

负电位：该点电位比参考点________。

（4）电源电动势。

定义：电源把单位正电荷从电源________极经电源内部移到________极所做的功。

方向：在电源内部由________极指向________极。

大小：电源________时的端电压。

直流电流表和直流电压表使用方法的比较见表 1–1–4。

表 1–1–4

直流电流表	直流电压表
________（串 / 并）联在电路中	________（串 / 并）联在电路中
________（可 / 不可）与电源直接相连	________（可 / 不可）与电源直接相连
使用前都要校零	
电流必须从直流电表标有数字的接线柱流入，从“–”接线柱流出	
被测电流或电压的大小都不能超出电表的量程	

知识拓展

（1）描画常用电气元件的图形符号。

（2）收集有关发电机、电池方面的材料。

五、自我检测

1．填空题

（1）习惯上规定________电荷移动的方向为电流的方向，因此电流的方向实际上与电子移动的方向________。

（2）一般电路由________、________、________和________四个部分组成。

（3）____的电流称为稳恒直流电流，________

________________的电流称为脉动直流电流。

（4）测量直流电流时，应将电流表________联在电路中，使被测电流从电流表的________接线柱流进，从________接线柱流出。每个电流表都有一定的测量范围，称为电流表的________。

（5）电路中某点与________之间的电压即该点的电位。若电路中 a、b 两点的电位分别为 U_a、U_b，则 a、b 两点间的电压 U_{ab}=____________，U_{ba}=____________。

（6）参考点的电位为________，高于参考点的电位取________值，低于参考点的电位取________值。

（7）电动势的方向在电源内部由________极指向________极。

（8）测量直流电压时，应将电压表和被测电路________，使电压表的接线柱和被测电路的极性________。

（9）在图 1-1-9 中，电压表的 1 端应接电阻的________端，2 端应接电阻的________端。

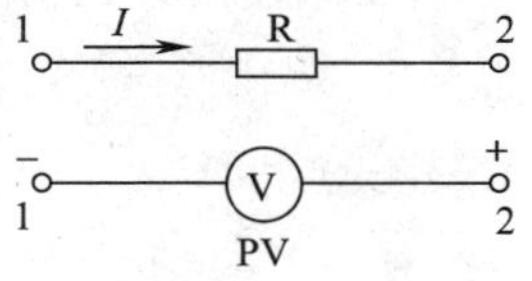

图 1-1-9

2. 判断题

（1）导体中的电流由电子流形成，故电子流的方向就是电流的方向。（　　）

（2）电源电动势的大小由电源本身性质所决定，与外电路无关。（　　）

（3）电压和电位都随参考点的变化而变化。（　　）

（4）电压是衡量电场力做功本领大小的物理量。（　　）

（5）规定自电源负极通过电源内部指向正极的方向为电动势的方向。（　　）

3. 计算题

（1）在 5 min 时间内，通过导体横截面的电荷量为 3.6 C，则通过的电流是多少安？合多少毫安？

（2）已知 U_{AB}=8 V，U_{AC}=6 V，若设 A 点为参考点，则 U_B、U_C 各为多少？若设 B 点为参考点，则 U_A、U_C 又各为多少？

（3）在图 1–1–10 所示电路中，若以 C 点为参考点，则 U_A、U_B、U_C、U_{AB}、U_{AC} 各为多少？若以 B 点为参考点，则 U_A、U_B、U_C、U_{AB}、U_{AC} 又各为多少？

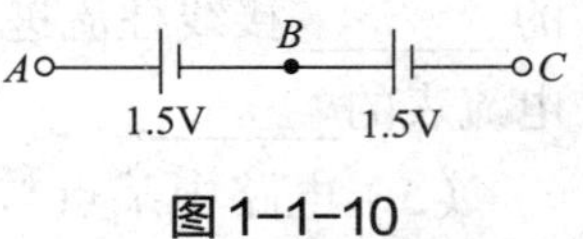

图 1–1–10

（4）图 1–1–11 所示各电路中的 U_{ab} 各为多少？

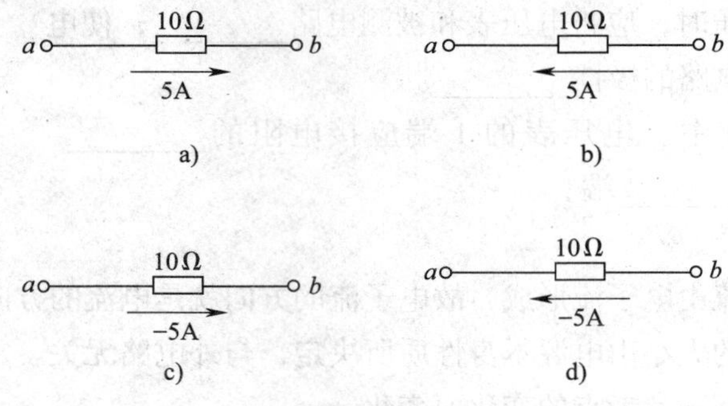

图 1–1–11

4. 画图题

根据图 1–1–12 所示实物接线图画出电路原理图。

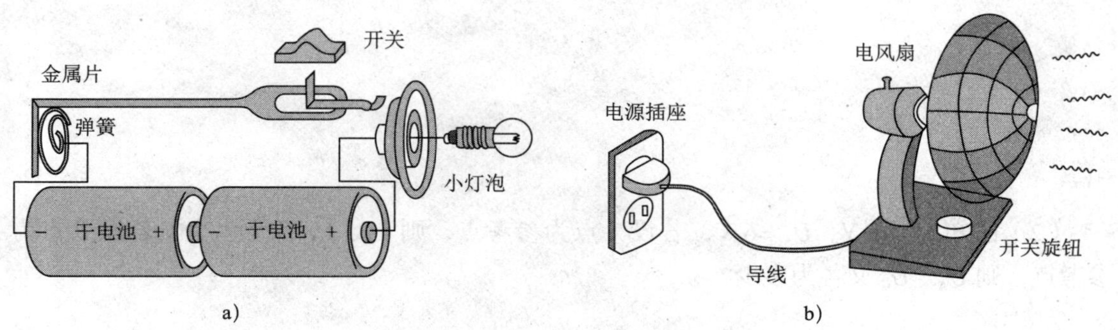

图 1–1–12

课题二 电 阻

电阻的种类很多，应如何辨认？热敏电阻等敏感电阻有何特点和应用？测量电阻的方法有多种，应如何选择？

一、学习目标

完成本课题的学习后，应能够：

1. 掌握电阻率的概念和电阻的计算式。
2. 了解常用电阻的主要参数及部分敏感电阻的特点。
3. 通过实际操作，学会用万用表测量电阻，用绝缘电阻表测量绝缘电阻。

二、重点难点

重点：用万用表测量电阻。

难点：用绝缘电阻表测量绝缘电阻。

三、知识结构

- 电阻
  - 电阻与电阻率 — 电阻的测量
    - 用伏安法测量
      - 线性电阻
      - 非线性电阻
    - 用万用表测量
    - 用绝缘电阻表测量
  - 电阻的外形、符号和主要参数 — 电阻的标注和识读
  - 敏感电阻
    - 热敏电阻
    - 压敏电阻
    - 光敏电阻

四、学练过程

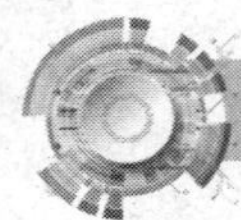

知识点 1　电阻与电阻率

要点提示

（1）各种材料的导电性能可以用电阻率ρ表示。

（2）导体的电阻跟它的长度、电阻率成正比，跟它的横截面积成反比，即 $R=\rho\frac{l}{S}$。

课堂练习

导体、绝缘体、半导体是如何划分的？它们各有哪些应用？

____

____。

知识点 2　常用电阻

课堂练习

在表 1–2–1 中画出常用电阻的图形符号。

表 1–2–1

名称	固定电阻	电位器	微调电位器
图形符号			

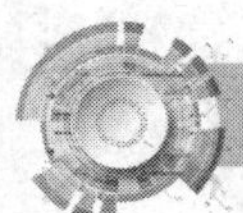

知识点 3　敏感电阻

课堂练习

在表 1–2–2 中填写敏感电阻的文字符号和图形符号。

表 1-2-2

名称	光敏电阻	热敏电阻	压敏电阻
文字符号			
图形符号			

知识点 4　电阻的测量

动手做

电阻的测量

● **实验器材**

直流稳压电源 1 台，万用表 1 个，直流电压表 1 个，直流电流表 1 个，绝缘电阻表 1 个，色环电阻若干，热敏电阻 1 个，二极管 3 个，电动机 1 台，导线若干等。

● **实验过程**

1. 用伏安法测量电阻

按图 1-2-1 连接电路，电源电动势 E=6 V，测得电阻 R_x 两端电压 U 为________V，通过的电流 I 为________A，可知电阻 R_x 为________Ω。

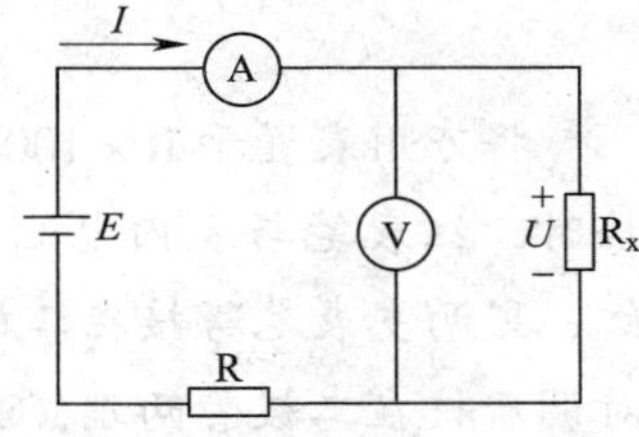

图 1-2-1

2. 用万用表测量电阻

（1）参照表 1-2-3 领取所需数量的色环电阻，先由色环读出电阻，再用万用表测量电阻，并与标称阻值进行比较，将结果填入表 1-2-3。

表 1-2-3

色环电阻		棕黑黑 金	绿棕棕 银	橙黑红棕 棕
识读	标称阻值			
	允许偏差			
测量值				

（2）测量常温下热敏电阻的电阻值，然后用通电后的电烙铁靠近热敏电阻，观察该热敏电阻的电阻值如何变化。判断其是正温度系数热敏电阻还是负温度系数热敏电阻，将结果填入表 1-2-4。

表 1-2-4

热敏电阻型号	常温下电阻值	温度升高后电阻值	判断类型

（3）测量二极管的正、反向电阻，判断二极管好坏（见图 1-2-2）。

根据二极管正向电阻小、反向电阻大的特性，用万用表的电阻挡大致判断二极管的极性和好坏。

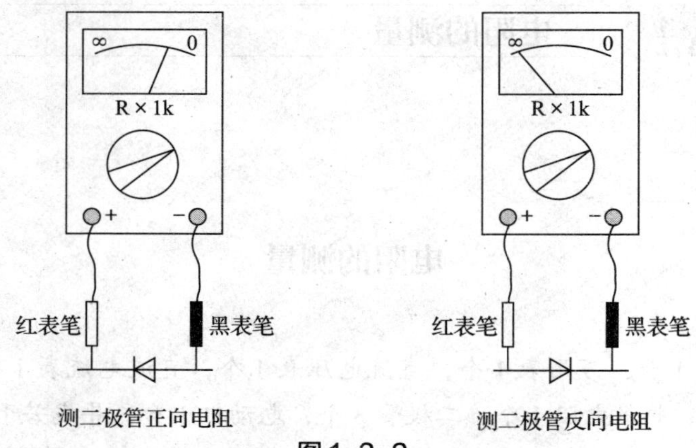

图 1-2-2

将万用表置于 R × 100 或 R × 1 k 电阻挡，并将两表笔短接调零。注意：万用表置电阻挡时，红表笔与表内电池负极相连，黑表笔与表内电池正极相连。如图 1-2-2 所示，将红、黑两支表笔跨接在二极管的两端，若测得电阻较小（几千欧以下），再将红、黑表笔对调后接在二极管两端，测得的电阻较大（几百千欧），说明二极管质量良好，测得电阻较小的那一次黑表笔所接端为二极管的正极。如果测得二极管的正、反向电阻都很小（接近零），说明二极管内部已短路；如果测得二极管的正、反向电阻都很大，说明二极管内部已开路。将测量结果记入表 1-2-5 中。

表 1-2-5

二极管型号	正向电阻	反向电阻	判断好坏

讨论：用万用表测量同一个二极管的正向电阻，选择不同的电阻挡，所测得的电阻不一样，原因是什么？

____

____。

3. 用绝缘电阻表测量绝缘电阻

（1）检查绝缘电阻表是否完好。

（2）打开电动机（停电状态）接线盒，测量三相绕组对地的绝缘电阻。

________（E/L）端接电动机外壳，________（E/L）端接被测绕组的一端。将测量值记入表 1–2–6 中。

（3）分别测量 U–V、V–W、W–U 之间的绝缘电阻，将测量值记入表 1–2–6 中。

表 1–2–6

三相绕组对地的绝缘电阻			三相绕组相间的绝缘电阻		
U–⏚	V–⏚	W–⏚	U–V	V–W	W–U

课题小结

（1）导体对电流的________作用称为电阻。

（2）电阻的主要参数有____________、____________和____________。

（3）一般情况下，金属的电阻率随温度升高而________，电解液、半导体和绝缘体的电阻率随温度升高而________。

（4）电阻随温度升高而减小的热敏电阻称为________（负 / 正）温度系数热敏电阻，电阻随温度升高而增大的热敏电阻称为________（负 / 正）温度系数热敏电阻。

（5）伏安特性曲线是直线的电阻，称为________（线性 / 非线性）电阻；伏安特性曲线不是直线的电阻，称为________（线性 / 非线性）电阻。

（6）测量普通电阻可选用________，需要精确测量兆欧级的电阻应选用__________。

五、自我检测

1. 填空题

（1）根据导电能力的强弱，物质一般可分为________、________和________。在一定条件下，某些材料的电阻会变为零，称为________。

（2）导体的电阻与导体的长度成________比，与导体的横截面积成________比，与材料性质有关，而且还与____________有关。

（3）电阻率的大小反映了物质的________能力，电阻率小说明物质导电能力________，电阻率大说明物质导电能力________。

（4）一般来说，金属的电阻率随温度的升高而________，电解液、半导体和绝缘体的电阻率随温度的升高而________。

2. 判断题

（1）导体的长度和横截面积都增大一倍，其电阻也增大一倍。（　　）

（2）电阻大的导体，电阻率一定大。（　　）

（3）电阻两端电压为 10 V 时，电阻为 10 Ω；当电压升至 20 V 时，电阻将为 20 Ω。（　　）

3. 选择题

（1）一段导体的电阻为 R，若将其从中间对折合并成一段新导体，其电阻为（　　）。

A. $R/2$　　B. R　　C. $R/4$　　D. $R/8$

（2）甲乙两导体由同种材料制成，长度之比为 3∶5，直径之比为 2∶1，则它们的电阻之比为（　　）。

A. 12∶5　　B. 3∶20　　C. 7∶6　　D. 20∶3

（3）制造标准电阻的材料一定是（　　）。

A. 高电阻率材料　　B. 低电阻率材料

C. 高温度系数材料　　D. 低温度系数材料

（4）导体的电阻是导体本身的一种性质，以下说法错误的是（　　）。

A. 和导体面积有关　　B. 和导体长度有关

C. 和环境温度无关　　D. 和材料性质有关

（5）下列关于万用表电阻挡刻度的说法中，正确的是（　　）。

A. 刻度是线性的

B. 指针偏转到最右端时，电阻为无穷大

C. 指针偏转到最左端时，电阻为无穷大

（6）关于万用表的使用方法，下列说法错误的是（　　）。

A. 在测量过程中，应根据测量值的大小拨动转换开关，为了便于观察，不应分断电源

B. 测量结束后，转换开关应拨到交流电压最高挡或空挡

C. 测量电阻时，每换一次量程，都应调一次零

（7）使用图 1–2–3 所示绝缘电阻表前应对其进行开路试验和短路试验，开路试验时的正确操作为________；短路试验时的正确操作为________。

A. L 端、E 端分开，看指针是否指在“∞”

B. L 端、E 端短接，看指针能否稳定地指在“0”

C. L 端、E 端分开，摇动绝缘电阻表到 120 r/min，看指针是否指在“∞”

D. L 端、E 端短接，摇动绝缘电阻表到 120 r/min，看指针能否稳定地指在“0”

图 1–2–3

4．问答题

（1）色环电阻的标注如图 1–2–4 所示，试读出该电阻的标称阻值和允许偏差。

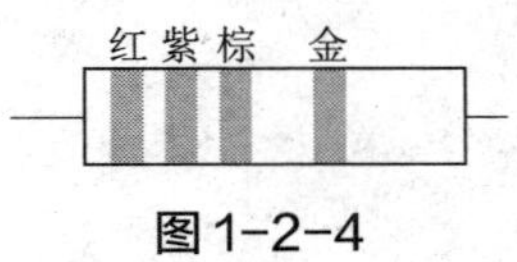

图 1–2–4

（2）如图 1–2–5 所示，使用绝缘电阻表测量绝缘电阻。

1）测量电动机绕组的对地绝缘电阻，在图 1–2–5a 中画出接线，并写出测量方法。

2）测量电动机绕组间绝缘电阻，在图 1–2–5b 中画出接线，并写出测量方法。

a)

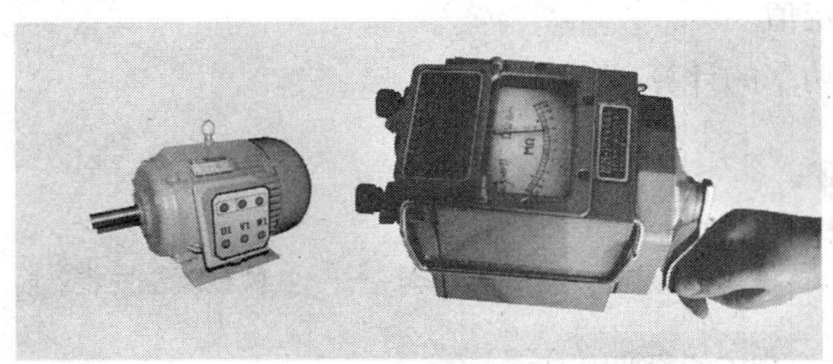

b)

图 1–2–5

课题三 电功和电功率

夏天，在使用电风扇时电能表读数变化较慢，而使用空调时电能表读数变化较快。这是为什么？

一、学习目标

完成本课题的学习后，应能够：

1. 理解电功、电功率的概念。
2. 掌握电功、电功率和焦耳热的计算方法。
3. 正确识读电气设备所标额定值的含义。

二、重点难点

重点：负载的额定值。

难点：电功和电功率的计算。

三、知识结构

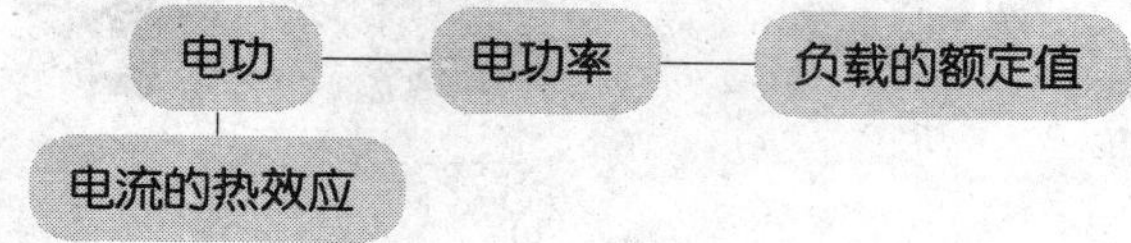

四、学练过程

（1）功和能的单位是什么？热量的单位是什么？

____

____。

（2）不同能量之间可以相互转化吗？试举例说明。

____

____。

知识点 1　电功

电流所做的功简称电功（即电能），计算式为

$$W=UIt$$

电功的单位为焦耳，用字母 J 表示，另一常用单位为千瓦·时（kW·h），即通常所说的度。

课堂练习

观察你所在班级教室有哪些用电器，计算教室每天消耗的电能。

（1）荧光灯________盏，每盏功率为________W。

（2）电风扇________台，每台功率为________W。

（3）其他用电器有________、________等，总功率为________W。

（4）教室所有用电器的总功率为________W，按每天平均用电 6 h 计算，每天消耗的电能为________J，每天用电________kW·h。

1 度电可供
- 1 kW 的电炉加热________h。
- 100 W 的电灯照明________h。
- 40 W 的电灯照明________h。

讨论：

（1）将 R1、R2 两个电阻并联接入电路，若 $R_1<R_2$，R1、R2 在相等的时间内消耗的电能分别为 W_1、W_2，则（　　）。

A. $W_1>W_2$　　B. $W_1<W_2$

C. $W_1=W_2$　　D. 无法确定

（2）甲、乙两盏电灯串联接在电源上，若在相等的时间内电流通过甲灯比乙灯做的功多，则两灯电阻 $R_甲$、$R_乙$ 的关系是（　　）。

A. $R_甲<R_乙$　　B. $R_甲>R_乙$

C. $R_甲=R_乙$　　D. 无法确定

知识点 2　电功率

电流在单位时间内所做的功称为电功率，计算式为

$$P=UI$$

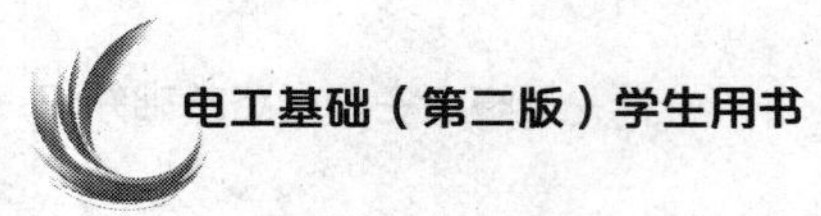

课堂练习

有人根据计算式 $P=I^2R$ 说，电功率与电阻成正比；又有人根据计算式 $P=\dfrac{U^2}{R}$ 说，电功率与电阻成反比。他们的说法对吗？为什么？

____

____。

要点提示

（1）$P=I^2R$ 和 $P=\dfrac{U^2}{R}$，仅适用于纯电阻电路。

（2）电阻是耗能元件，在电路中吸收功率。

（3）当各用电器通过的电流相等时，根据计算式 $P=I^2R$ 可知，电功率与电阻成正比。当各用电器的电压相等时，根据计算式 $P=\dfrac{U^2}{R}$ 可知，电功率与电阻成反比。

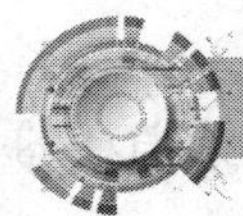

知识点 3　电流的热效应

电流通过导体时使导体发热的现象称为电流的热效应。

电流与它流过导体时所产生的热量之间的关系为

$$Q=I^2Rt$$

要点提示

电能转化为哪一种形式的能，要看电路中有哪些类型的元件。如果电流经过纯电阻（如白炽灯、导线）电路做功，电能就全部转化为热能，电流所做的功就等于负载发出的热量 Q，即 $Q=W=UIt$，可以得到电功率（这时也称热功率）$P=I^2R$。如果不是纯电阻电路，例如，电路负载为电动机，那么电能除了转化为热能外，还转化为机械能。这时，利用 $P=I^2R$ 计算的结果只是电能转化为热能的那部分功率，要计算总功率还应该用 $P=UI$，电动机所做机械功的功率则为二者之差，即 $P_{机}=P_{总}-P_{热}=UI-I^2R$。

课堂练习

已知电动机绕组的电阻是 0.4 Ω，当它两端所加电压为 220 V 时通过的电流是 5 A，求这台电动机每分钟所做的机械功。

解：

本题涉及三个不同的功率：电动机消耗的电功率 $P_{电}$、电动机的热功率 $P_{热}$和转化为机械能的功率 $P_{机}$。三者遵从能量守恒定律，即____________________。

电动机消耗的电功率，即电流做功的功率：

$$P_{电}=\_\_\_\_\_\_\_\_\_\_\_\_\_\_\_\_\_\_\_\_$$

由焦耳定律可得电动机的热功率：

$$P_{热}=\_\_\_\_\_\_\_\_\_\_\_\_\_\_\_\_\_\_\_\_$$

因此可得电能转化为机械能的功率，即电动机所做机械功的功率：

$$P_{机}=\_\_\_\_\_\_\_\_\_\_\_\_\_\_\_\_\_\_\_\_$$

根据功率与做功的关系可得，电动机每分钟所做的机械功为：

$$W=\_\_\_\_\_\_\_\_\_\_\_\_\_\_\_\_\_\_\_\_$$

知识点 4 负载的额定值

电气设备能长期安全工作所允许的最大电流、最大电压和最大功率分别称为它们的额定电流、额定电压和额定功率。

要点提示

（1）只有当实际电压等于额定电压时，实际功率才等于额定功率，电气设备才能安全可靠、经济合理地工作。当实际电压大于额定电压时，通过电气设备的电流将大于额定电流，会影响电气设备的使用寿命；而当实际电压小于额定电压时，会导致电气设备不能正常工作。

（2）在实际应用中，某些电器（如白炽灯）的电阻与温度关系很大，但为了简化计算，通常都把它们的电阻作为定值来处理。此外，电气设备的额定值还与散热条件有关，如果通风散热条件很差，可能当实际功率还未超过额定功率时，设备已因过热而不能正常工作了。

（3）不能简单地认为"实际电压高或实际电流大的电器所产生的热量一定多（或发光强度一定高）"，应看功率的大小。例如，"60 W/36 V"的白炽灯和"40 W/220 V"的白炽灯，当它们都分别处于正常状态时，虽然前者的电压比后者低，但前者却比后者亮。又如，"60 W/36 V"的白炽灯和"100 W/220 V"的白炽灯，当它们都分别处于正常状态时，虽然前者实际电流比后者大，但后者却比前者亮。

课堂练习

某同学家的电能表上标有“220 V/10 A”字样，请你帮他分析一下：

（1）该电能表下能安装的用电器总功率最大应为多少？

（2）若他家已安装有 10 盏 60 W 的白炽灯、1 台 60 W 的电风扇、1 台 100 W 的电冰箱，还能再安装 1 台功率为 1 200 W 的空调吗？

解：

（1）利用公式求出电能表所能承受的最大功率：

$$P=\underline{\qquad\qquad\qquad\qquad}$$

（2）求出已安装用电器的总功率为

$$P_1=\underline{\qquad\qquad\qquad\qquad}$$

可以看出 $P-P_1$______1 200 W，所以________（可以 / 不可以）安装 1 台功率为 1 200 W 的空调。

课题小结

（1）电流在一段时间内所做的功 W=________。

（2）电流的热效应 Q=________。

（3）电流在单位时间内所做的功 P=________。

（4）额定值就是保证电气设备能长期安全工作的最大电压、最大电流和最大功率，分别称为__________、__________和__________。

五、自我检测

1. 填空题

（1）电流所做的功，简称________，用字母________表示，单位是________；电流在单位时间内所做的功称为________，用字母________表示，单位是________。

（2）电能的单位“度”和“焦耳”的换算关系为____________________。

（3）电流通过导体时使导体发热的现象称为______________。热量用字母________表示，单位是____________。

（4）电流通过一段导体所产生的热量与______________成正比，与导体的________成正比，与________成正比。

（5）电气设备在额定功率下的工作状态，称为________工作状态，也称________；低于额定功率的工作状态称为________；高于额定功率的工作状态称为________或________，一般不允许出现________。

（6）在 4 s 内供给 6 Ω 电阻的能量为 2 400 J，则该电阻两端的电压为______V。

（7）若灯泡的电阻为 24 Ω，通过灯泡的电流为 100 mA，则灯泡在 2 h 内所做的功是

________J，合________度。

（8）一个“220 V/40 W”的灯泡，正常发光时通过的电流为________A，灯丝的电阻为______Ω。如果把它接到 110 V 的电源上，它实际消耗的功率为______W。

2. 判断题

（1）负载在额定功率下的工作状态称为满载。（　　）

（2）电器的功率越大，电流做的功越多。（　　）

（3）把“25 W/220 V”的灯泡接在“1 000 W/220 V”的发电机上时，灯泡会烧坏。（　　）

（4）通过电阻的电流增大到原来的 2 倍时，它所消耗的功率也增大到原来的 2 倍。（　　）

（5）两个额定电压相同的电炉，电阻分别为 R_1、R_2 且 $R_1>R_2$，因为 $P=I^2R$，所以电阻大的功率大。（　　）

3. 选择题

（1）为使电炉上消耗的功率减小到原来的一半，应（　　）。

A. 使电压加倍　　B. 使电压减半

C. 使电阻加倍　　D. 使电阻减半

（2）把“12 V/6 W”的灯泡接到 6 V 的电源上，通过灯丝的实际电流是（　　）A。

A. 1　　B. 0.5

C. 0.25　　D. 0.125

（3）已知照明用输电线中每根导线的电阻为 1 Ω，通过的电流为 10 A，则 10 min 内每根导线可产生热量（　　）J。

A. 1×10^4　　B. 6×10^4　　C. 6×10^3　　D. 1×10^3

（4）1 度电可供“220 V/40 W”的灯泡正常发光的时间是（　　）h。

A. 20　　B. 40　　C. 45　　D. 25

4. 计算题

（1）在图 1-3-1 所示电路中，电源电动势 E=220 V，负载电阻 R_L=219 Ω，电源内阻 r=1 Ω，求负载电阻消耗的功率 $P_{负}$、电源内阻消耗的功率 $P_{内}$及电源提供的功率 P。

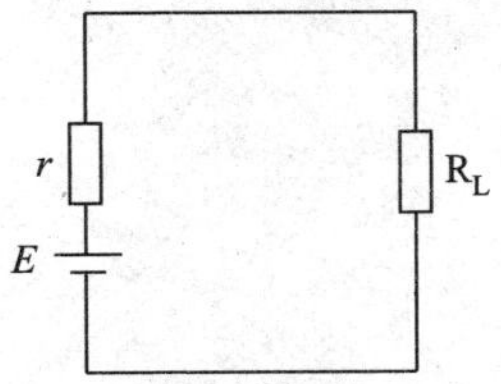

图 1-3-1

（2）如图 1–3–2 所示，灯泡 HL1 的电阻为 5 Ω，HL2 的电阻为 4 Ω，S1 闭合且 S2 断开时灯泡 HL1 的功率为 5 W，S1 断开且 S2 闭合时灯泡 HL2 的功率为 5.76 W，求 E 和 r。

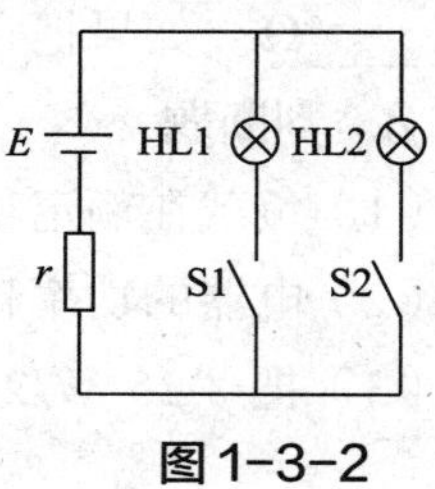

图 1–3–2

（3）现有“220 V/40 W”白炽灯 5 盏。求：

1）如果每天平均使用 4 h，每月（以 30 天计算）用电多少度？

2）如果改用与“220 V/40 W”白炽灯一样亮度的“220 V/25 W”节能灯，每天还是平均使用 4 h，每月能节省多少度电？

模块二 简单直流电路的分析

课题一　全电路欧姆定律

想一想

你注意过吗？当你插上电炉、电热器等大功率用电器时，灯光会变暗，拔掉后灯光马上又亮起来。

又如：遥控汽车使用干电池组供电，当干电池组显示电量不足，无法驱动遥控汽车时，其中任意一节干电池仍能为电子钟供电，使电子钟正常运行。这是为什么？

一、学习目标

完成本课题的学习后，应能够：

1. 了解全电路欧姆定律。
2. 会用全电路欧姆定律分析电路的三种工作状态。

3. 通过实验，掌握测量电源电动势和内阻的方法。

二、重点难点

重点：理解全电路欧姆定律。

难点：应用全电路欧姆定律分析电路。

三、知识结构

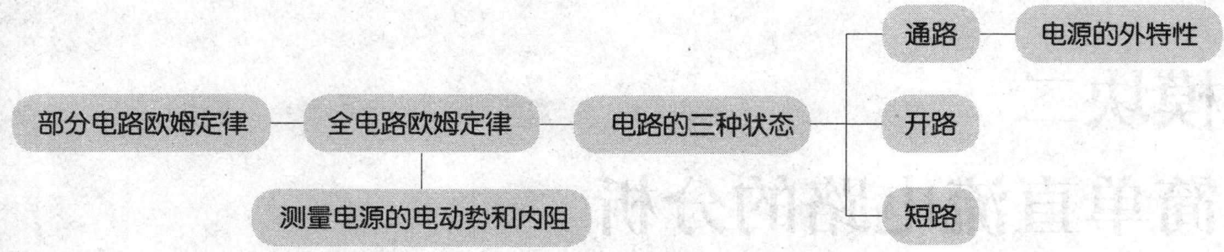

四、学练过程

复习提问

部分电路欧姆定律是如何表述的？

____

____。

要点提示

理解和应用部分电路欧姆定律要注意以下几点：

（1）R、U、I 必须属于同一段电路。

（2）U、I 之间存在因果关系。导体两端存在电压，在导体中才能形成电流。

（3）由部分电路欧姆定律可得 $R=\frac{U}{I}$，说明对于线性电阻而言，无论加在电阻两端的电压为多少，电压与相应电流的比值是不变的。

（4）除金属外，部分电路欧姆定律对电解液也适用，但对气态导体（如荧光灯、霓虹灯中的气体）和半导体元件（如二极管、三极管）并不适用。

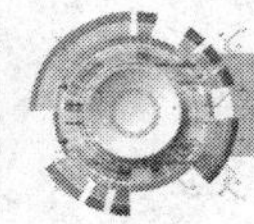

知识点 1　全电路欧姆定律

全电路是含有电源（包括内阻）、用电器、开关和导线的闭合电路（见图 2-1-1）。

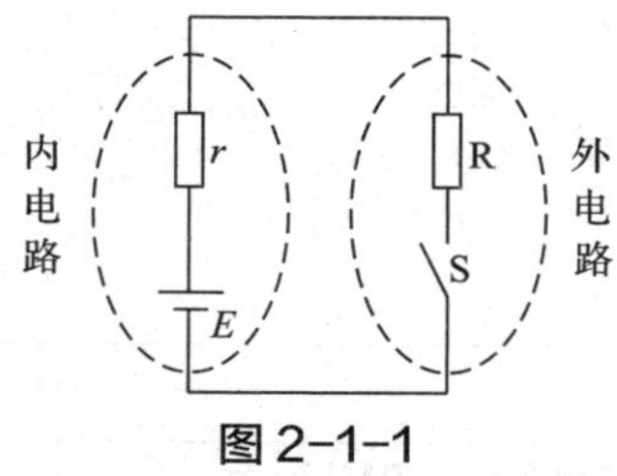

图 2-1-1

闭合电路中的电流与电源的电动势成正比，与电路的总电阻（内电路电阻与外电路电阻之和）成反比，公式为：

$$I=\frac{E}{R+r}$$

要点提示

以往分析电路时常将电源的内阻忽略不计，其实不可一概而论。例如，当干电池使用一段时间后，内阻变大，就不可忽略；又如，当负载电流很大时，在电源内阻上的电压降也会变大，此时内阻的影响也不可忽略。全电路是指包括电源在内的整个闭合电路，尤其要注意这中间包含了电源的内阻。

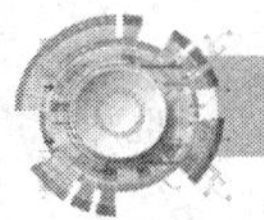

知识点 2　电源的外特性

电源端电压随负载电流变化的关系特性称为电源的外特性。电源的外特性曲线如图 2-1-2 所示。

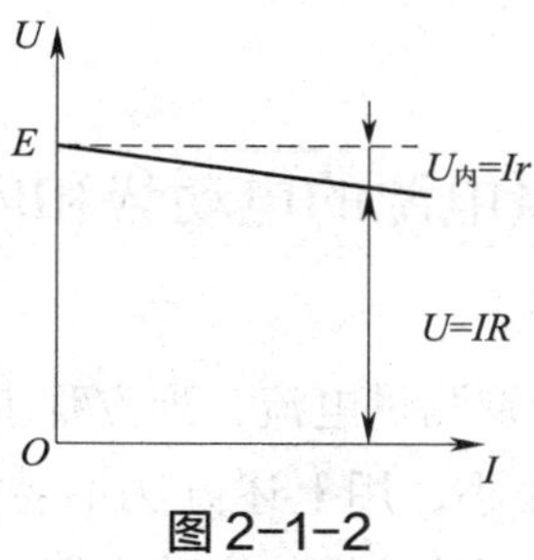

图 2-1-2

要点提示

（1）运用全电路欧姆定律讨论电源的外特性时，要注意 E 和 r 是不变的量，通常负载电阻是自变量，I、U 是因变量。

（2）掌握分析推理的逻辑顺序，运用公式变形来分析说明。以电阻 R 增大为例（$U_{外}$ 即电源端电压）：

$$R\uparrow \xrightarrow{I=E/(R+r)} I\downarrow \xrightarrow{U_{内}=Ir} U_{内}\downarrow \xrightarrow{U_{外}=E-U_{内}} U_{外}\uparrow$$

课堂练习

试就 R 减小分析 $U_{外}$的变化。

____。

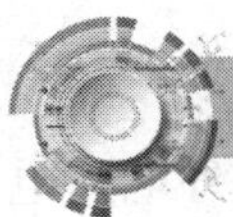

知识点 3　电路的三种状态

（1）通路（有载）。

$$I=\frac{E}{R+r},\ R\uparrow\rightarrow I\downarrow\rightarrow U_{外}\uparrow,\ R\downarrow\rightarrow I\uparrow\rightarrow U_{外}\downarrow$$

（2）开路。

$$I=0,\ Ir=0,\ U_{外}=E$$

（3）短路。

$$I=\frac{E}{r},\ U_{外}=0$$

要点提示

（1）利用全电路欧姆定律讨论电路的三种不同状态是全电路欧姆定律的一个典型应用，可利用讨论电源外特性的结论加以引申，将开路看作负载电阻增大的特例（$R=\infty$），将短路看作负载电阻减小的特例（$R=0$）。

（2）开路时 $I=0$，能根据 $U_{外}=IR$ 得出 $U_{外}=0$ 的结论吗？不能。因为这时负载电阻 R 和电源已经没有联系。

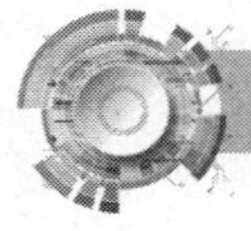

知识点 4　测量电源的电动势和内阻

测量方法：改变负载电阻，分别测量电流，列方程求解。

实际上，因为电源内阻一般很小，用上述方法不易测量。测试电源的外特性曲线时，变化也不明显，所以在后面测试电源外特性的实验中用 100 Ω 电阻模拟电源内阻。

动手做

电源外特性的测试

● **实验器材**

直流稳压电源 1 台，万用表 1 个，直流电压表（0~30 V）1 个，直流电流表（0~300 mA）1 个，电阻（100 Ω）1 个，可调电阻（1 kΩ）1 个，开关若干，导线若干等。

● **实验过程**

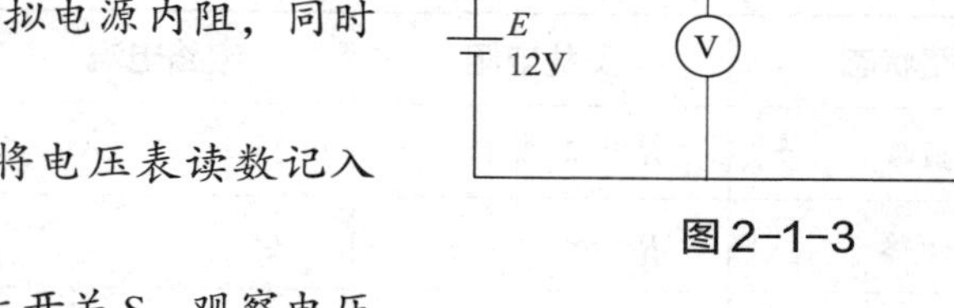

图 2-1-3

（1）按图 2-1-3 所示接线，因电源内阻一般很小，不易测量，故用 100 Ω 电阻模拟电源内阻，同时起限流保护作用。

（2）断开开关 S，电流为零，将电压表读数记入表 2-1-1 中。

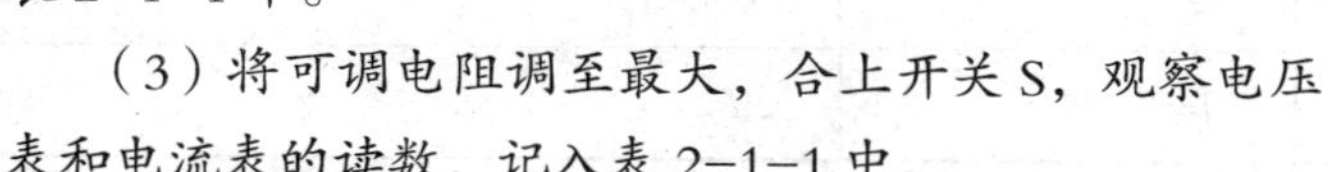

（3）将可调电阻调至最大，合上开关 S，观察电压表和电流表的读数，记入表 2-1-1 中。

（4）以 200 Ω 为间隔逐步调小可调电阻（用万用表测量），观察电压表和电流表的读数，记入表 2-1-1 中。

表 2-1-1

被测量	电阻 /Ω						
	∞（开关断开）	1 000	800	600	400	200	0
电流 /mA							
电压 /V							

（5）根据表 2-1-1 中数据在图 2-1-4 上作出电源外特性曲线。

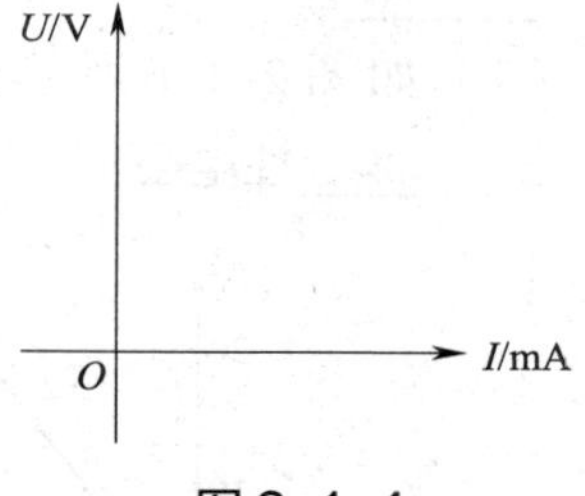

图 2-1-4

（6）测量完毕，断开开关 S。

注意：调整可调电阻时，应先断开电源，才可用万用表测量电阻。

讨论：模拟电源内阻的 100 Ω 电阻换成 10 Ω 电阻，可以吗？为什么？

根据表 2-1-1 中数据，你能估算出电源的内阻（模拟电源内阻）吗？

写出估算过程。

____

____。

课题小结

（1）全电路欧姆定律的内容：闭合电路中的________与电源的________成________，与电路的总电阻（内电路电阻与外电路电阻之和）成________，公式为

$$I=\frac{E}{R+r}$$

（2）电路三种状态的特点概括见表 2–1–2。

表 2–1–2

电路状态	负载电阻	电路电流	外电路电压（电源端电压）
通路	R 为正常值	I=	$U_{外}$=
开路	$R\to\infty$	I=	$U_{外}$=
短路	R=0	I=	$U_{外}$=

五、自我检测

1．填空题

（1）导体中的电流与这段导体两端的________成正比，与导体的________成反比。

（2）闭合电路中的电流与电源的电动势成________比，与电路的总电阻成________比。

（3）全电路欧姆定律又可表述为电源电动势等于________和________之和。

（4）电源____________随____________变化的关系特性称为电源的外特性。

（5）电路通常有________、________和________三种状态。

（6）两个电阻的伏安特性如图 2–1–5 所示，则 R_a________R_b，R_a=________，R_b=________。

（7）如图 2–1–6 所示，在 U=0.5 V 处，R_1________R_2，其中 R1 是________性电阻，R2 是________性电阻。

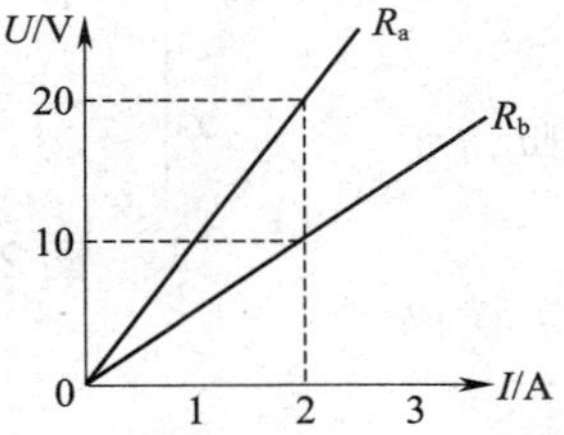

图 2–1–5

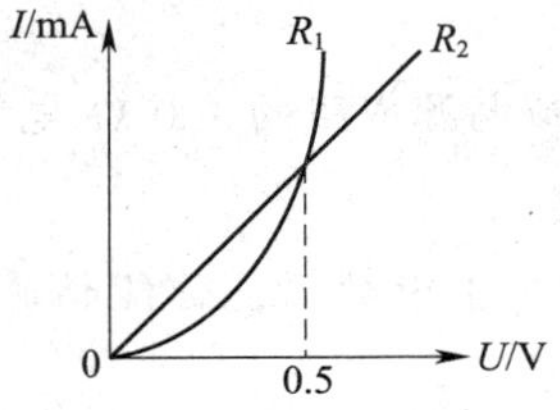

图 2–1–6

（8）已知电炉丝的电阻是 44 Ω，通过的电流是 5 A，则电炉两端所加的电压是________V。

（9）已知电源电动势 E=4.5 V，内阻 r=0.5 Ω，负载电阻 R=4 Ω，则电路中的电流 I=________A，端电压 U=________V。

（10）一个电池和一个电阻组成了最简单的闭合回路。当负载电阻增加到原来的 3 倍时，电流变为原来的一半，则原来内、外电阻的比值为________。

（11）通常把通过________的负载称为小负载，把通过________的负载称为大负载。

2．判断题

（1）当电源的内阻为零时，电源电动势的大小就等于电源端电压。（　　）

（2）当电路开路时，电源电动势为零。（　　）

（3）在通路状态下，负载电阻变大，端电压就变大。 （ ）

（4）在短路状态下，外电路电压降等于零。 （ ）

（5）在电源电动势一定的情况下，电阻大的负载是大负载。 （ ）

3. 选择题

（1）用电压表测得外电路端电压为零，这说明（ ）。

A. 外电路断路　　B. 外电路短路

C. 外电路上电流比较小　　D. 电源内阻为零

（2）电源电动势为 2 V，内阻为 0.1 Ω，当外电路断路时，电路中的电流和端电压分别是（ ）。

A. 0 A、2 V　　B. 20 A、2 V　　C. 20 A、0 V　　D. 0 A、0 V

（3）上题中当外电路短路时，电路中的电流和端电压分别是（ ）。

A. 20 A、2 V　　B. 20 A、0 V　　C. 0 A、2 V　　D. 0 A、0 V

4. 计算题

（1）某太阳能电池板不接负载时的电压是 600 μV，短路电流是 30 μA，求这块太阳能电池板的内阻。

（2）如图 2-1-7 所示，已知 E=10 V，r=0.1 Ω，R=9.9 Ω。求开关 S 在不同位置时电流表和电压表的读数。

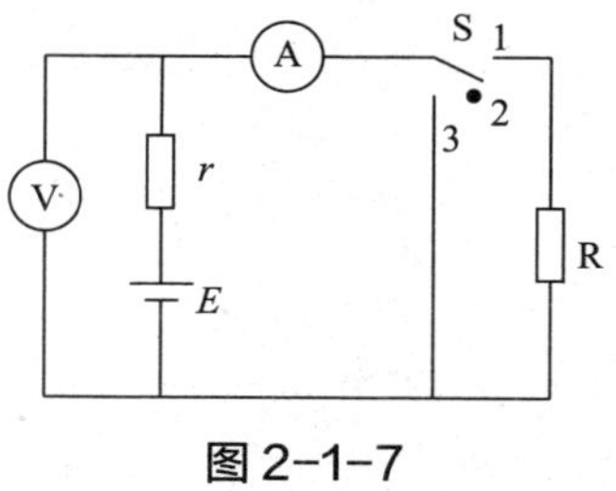

图 2-1-7

（3）图 2–1–8 所示电路是测定电源电动势 E 和内阻 r 的电路。若 R=10 Ω，则合上开关 S 时，电压表读数为 48 V；断开开关 S 时，电压表读数为 50.4 V。求电源电动势 E 和内阻 r。

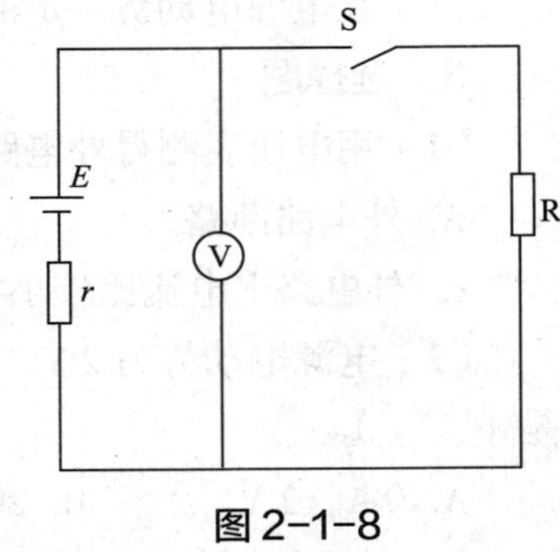

图 2–1–8

课题二　电阻的连接

大家在初中物理中已经学习过电阻串、并联电路，那你是否知道，电阻串、并联电路有哪些应用？开关串、并联具有何种功能？电池串、并联又具有哪些特点？

一、学习目标

完成本课题的学习后，应能够：

1. 掌握电阻串、并、混联电路的特点及其实际应用。
2. 综合运用欧姆定律和电阻串、并联关系分析计算简单电路。

二、重点难点

重点：电阻串、并联电路的特点及应用。

难点：电阻混联电路的计算。

三、知识结构

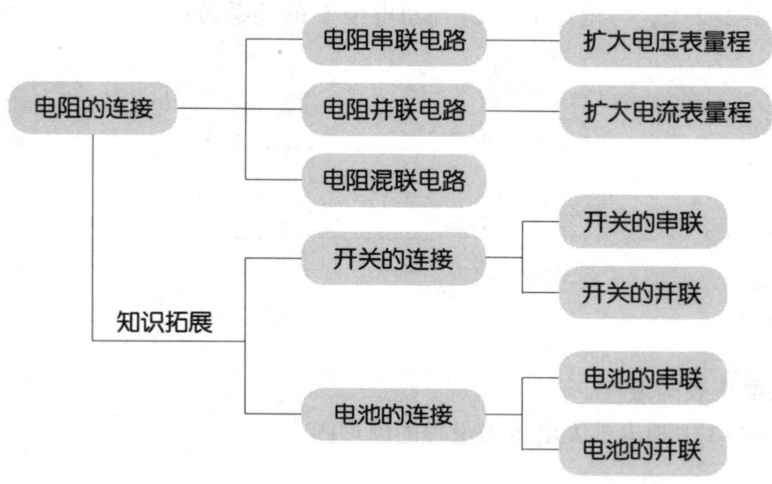

四、学练过程

观察模拟式万用表，为什么在测量线路中接有那么多电阻？这是因为模拟式万用表的表头通常都采用磁电系直流微安表，其可动线圈的导线很细，而且电流还要经过游丝，所以通过的电流很小，只有大约几微安。如果要测量较大的直流电流，必须并联分流电阻；如果要测量较大的直流电压，必须串联分压电阻。

知识点 1　电阻串联电路

把多个电阻逐个顺次相连，通过同一电流，就组成了电阻串联电路。

课堂练习

（1）在初中物理中已学习过电阻串联电路和电阻并联电路，请结合图 2–2–1 完成下列各题：

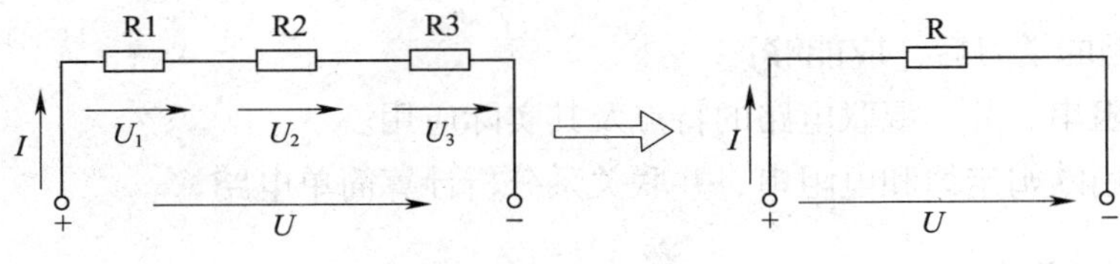

图 2–2–1

1）电路中流过各个电阻的电流____________________。

2）总电压 U=____________________。

3）电路的等效电阻（即总电阻）R=____________________。

4）电阻串联有分压作用，电阻值越大的电阻分配到的电压越____________________。

（2）在图 2–2–2 中，分电压 U_1、U_2 与总电压 U 的关系为：

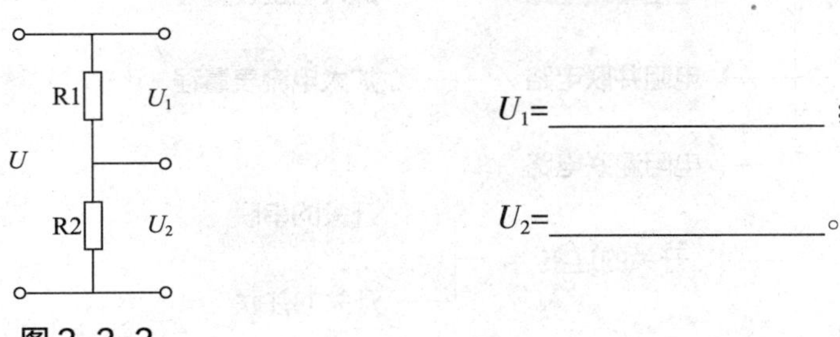

图 2–2–2

U_1=________________；

U_2=________________。

（3）扩大电压表的量程。

1）在图 2–2–3 中画出扩大电压表量程的原理图。

2）已知表头等效内阻 R_a=10 kΩ，满刻度电流 I_a=50 μA。计算应串联多大的电阻，才可以改装成量程为 10 V 的电压表。

解：

表头两端电压 U_a=______________________________。

需要串联的电阻 R_x=______________________________。

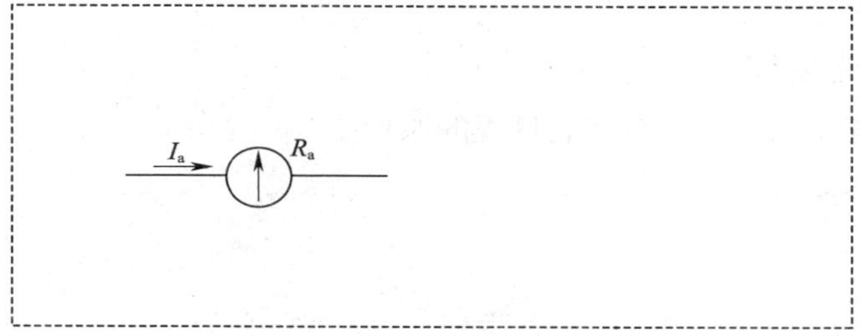

图 2-2-3

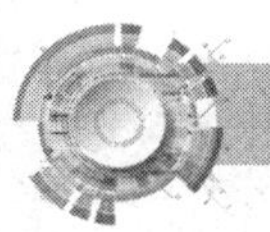

知识点 2　电阻并联电路

把多个电阻并列连接起来，由同一电源供电，就组成了电阻并联电路。

课堂练习

（1）请结合图 2-2-4 完成下列各题：

1）电路中各电阻两端的电压______________________________。

2）电路的总电流 I=______________________________。

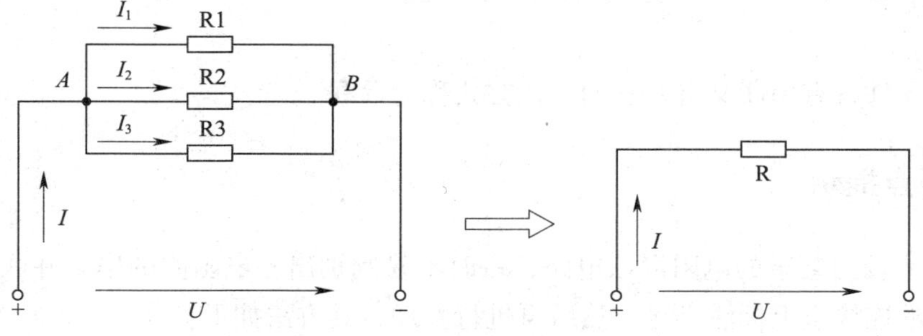

图 2-2-4

3）电路的等效电阻（即总电阻）和各并联电阻的关系是______________________________。

4）电阻并联有分流作用，电阻值越大的电阻分配到的电流越______________。

（2）在图 2-2-5 中，分电流 I_1、I_2 与总电流 I 的关系为：

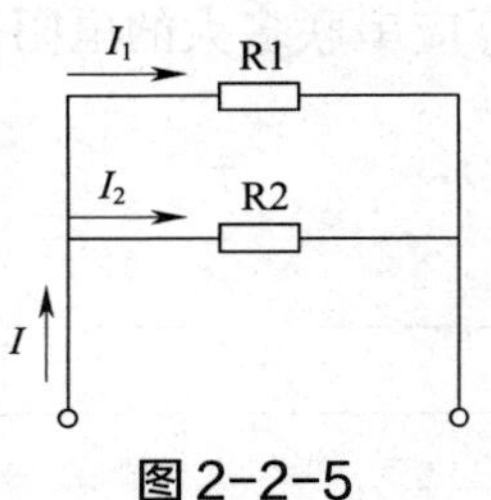

图 2-2-5

I_1=________________；

I_2=________________。

（3）扩大电流表量程。

1）在图 2-2-6 中画出扩大电流表量程的原理图。

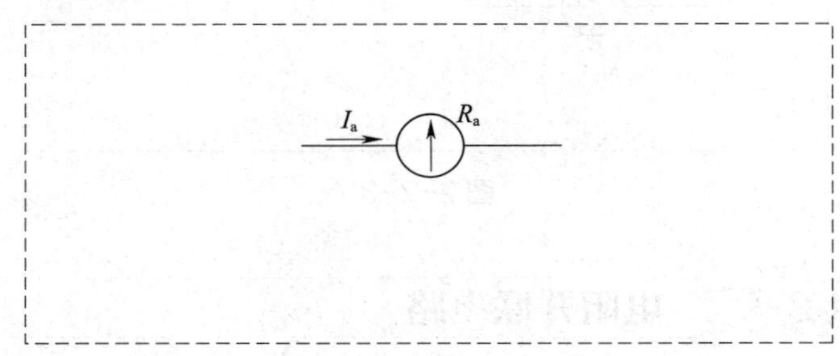

图 2-2-6

2）已知表头等效内阻 R_a=10 kΩ，满刻度电流 I_a=50 μA。计算应并联多大的电阻，才可以改装成量程为 1 mA 的电流表。

解：

表头两端电压 U_a=____。

需要并联的电阻 R_x=____。

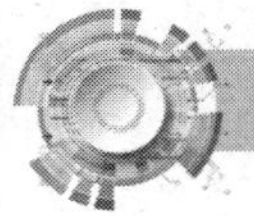

知识点 3 电阻混联电路

电路中元件既有串联又有并联的连接方式称为混联。

要点提示

对于某些较为繁杂的电阻混联电路，一时不易判别出各电阻间的串、并联关系，可以先在各电阻的连接点上标注字母，然后再进行整理，其方法如下：

（1）在原图中给每一连接点命名一个代号，但以同一导线相连的各连接点只能用同一代号。

（2）在同一直线上依次标出已命名的各连接点（注意不画出直线，且端点代号应标在左右两端）。

（3）将各电阻依次填入相应的连接点间。

（4）按电阻串、并联的定义及有关计算式进行计算。

课堂练习

如图 2–2–7 所示，$R_1 = R_2 = R_3 = 2\ \Omega$，$R_4 = R_5 = 4\ \Omega$，求 A、B 点间的等效电阻 R_{AB}。

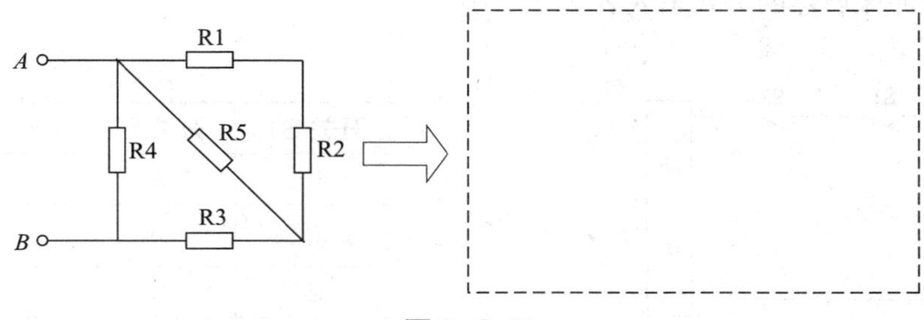

图 2–2–7

解：

（1）画出等效电路图。

提示：可从 A 点画起，对于没有分支的地方画为串联，一遇到分支就画为并联，有几个分支就画几个并联支路，最终一直画到 B 点。画图时注意切勿漏画电阻。

（2）计算 R_{12}=______________________________，

R_{125}=______________________________，

R_{1253}=______________________________，

R_{AB}=R_{12534}=______________________________。

除上述方法外，还可利用电流的流向及电流的分合，画出等效电路图；或者利用电路中各等电位点分析电路，画出等效电路图等。但要注意，并非所有混联电路都要画出等效电路图，重要的是要注意观察，认清电阻之间的连接关系。以图 2–2–8 为例，假如在 A、B 两点间加上一个电压，然后用万用表来测量每个电阻上的电压值。大家会发现，不管哪一个电阻，其两端电压值都是 A、B 两点间所加的电压值，可见电路中六个电阻都是并联关系，很快就能算出其等效电阻值，当然也就不必画等效电路图了。

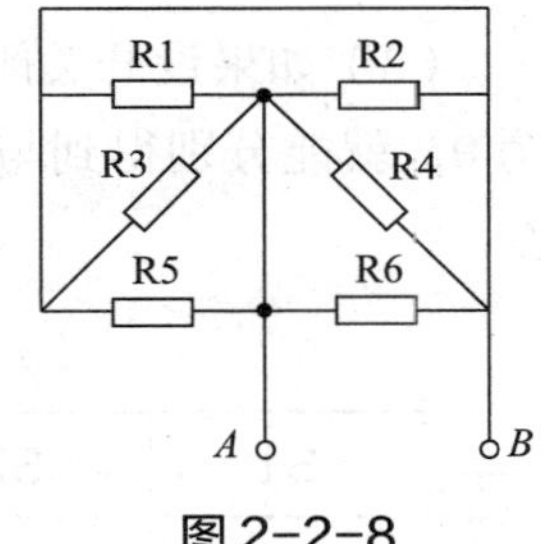

图 2–2–8

知识点 4　开关的串、并联

要点提示

如果把开关看成电阻，则开关断开时相当于其电阻值为 ∞，开关闭合时相当于其电阻值为零。

课堂练习

（1）开关串联电路如图 2–2–9 所示。开关串联实际上就是连接成与逻辑开关电路。试将开关通断与冲床启停的关系填入表 2–2–1 中。

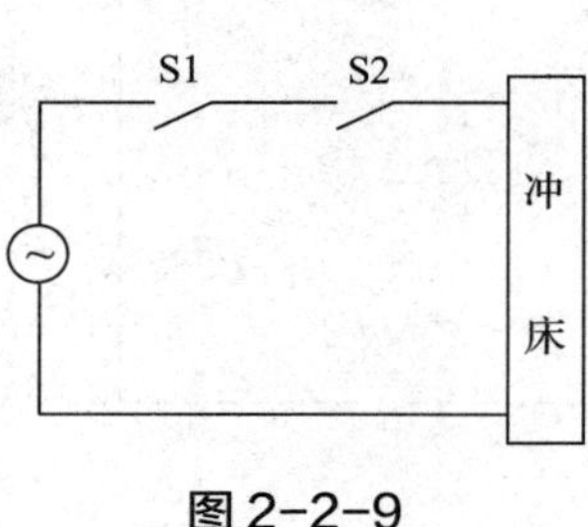

图 2–2–9

表 2–2–1

开关 S1	开关 S2	冲床
断	断	
断	通	
通	断	
通	通	

（2）开关并联电路如图 2–2–10 所示，开关并联实际上就是连接成或逻辑开关电路。试将开关通断与灯泡亮灭的关系填入表 2–2–2 中。

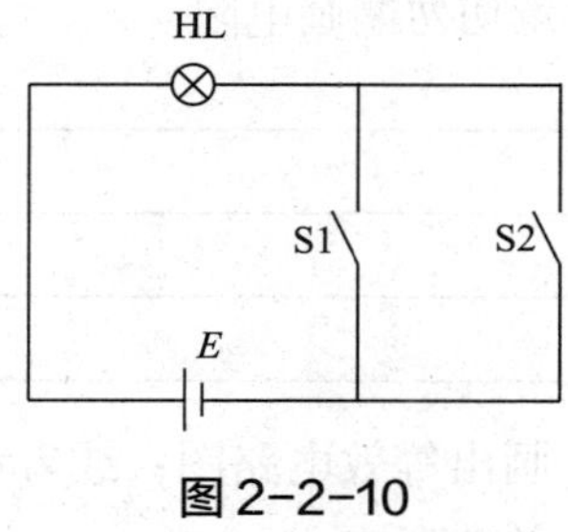

图 2–2–10

表 2–2–2

开关 S1	开关 S2	灯泡
断	断	
断	通	
通	断	
通	通	

（3）如果设开关闭合为 1，断开为 0，冲床开（或灯泡亮）为 1，冲床停（或灯泡灭）为 0，就能分别得到与逻辑和或逻辑的真值表，见表 2–2–3 和表 2–2–4。试将两真值表补全。

表 2–2–3

S1	S2	冲床
0	0	
0	1	
1	0	
1	1	

表 2–2–4

S1	S2	灯泡
0	0	
0	1	
1	0	
1	1	

知识点 5　电池的串、并联

要点提示

（1）电池的串联应顺串，即异极性相连，如图 2–2–11 所示，这样才能使总电动势增大。电池的并联应同极性相连，并且电动势一定要相等，如图 2–2–12 所示，如果电动势不相等或是极性接错，将会产生环流。

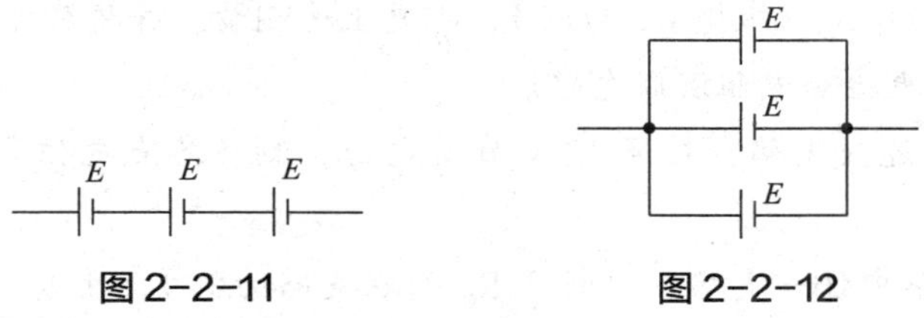

图 2–2–11　　图 2–2–12

（2）电池串联和并联的作用。

1）当用电器的额定电压高于单个电池的电动势时，可以用串联电池组供电，但用电器的额定电流必须小于单个电池允许通过的最大电流。

2）当用电器的额定电流比单个电池允许通过的电流大时，可以用并联电池组供电，但用电器的额定电压必须低于单个电池的电动势。

动手做

检查直流电路的故障

● **实验器材**

直流稳压电源 1 台，直流电压表（0~30 V）1 个，万用表 1 个，电阻 6 个（100 Ω 4 个，200 Ω 1 个，50 Ω 1 个）等。

● **实验过程**

（1）用直流电压表检查电阻串联电路。

1）按图 2–2–13 连接电路，接通 9 V 直流电源，测量各点电位和各段电压。数据记入表 2–2–5。

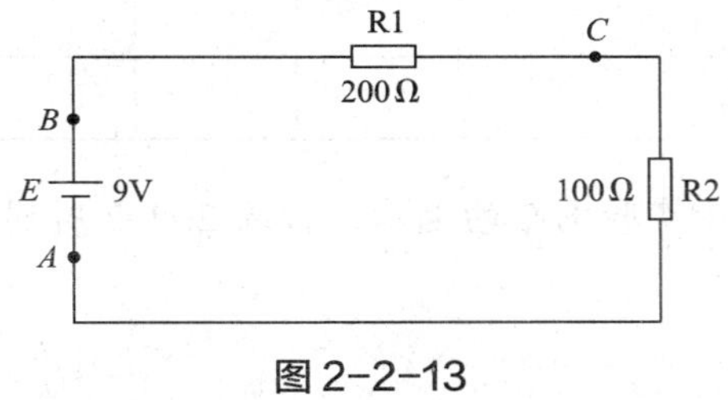

图 2–2–13

表 2-2-5 V

电路状态	以 A 点为参考点测电位值			分段电压		
	U_A	U_B	U_C	U_{AB}	U_{BC}	U_{CA}
正常						
断路故障						
短路故障						

2）断开任一电阻（以断开 R1 为例），重复上述测量，并将数据记入表 2-2-5。

3）将任一电阻短接（以短接 R1 为例），重复上述测量，并将数据记入表 2-2-5。

（2）用直流电压表检查电阻混联电路。

1）按图 2-2-14 连接电路，接通 12 V 直流电源，测量各点电位和各段电压，数据记入表 2-2-6。

2）断开并联支路中任一支路（以断开 R2 所在支路为例），重复上述测量，并将数据记入表 2-2-6。

3）短接并联支路中任一支路（以短接 R2 所在支路为例），重复上述测量，并将数据记入表 2-2-6。

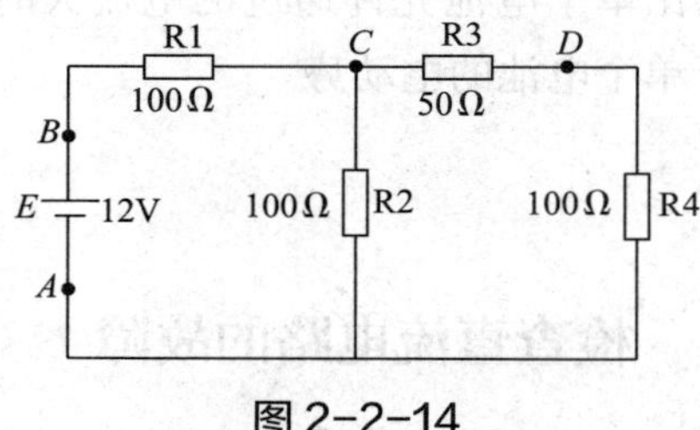

图 2-2-14

表 2-2-6 V

电路状态	以 A 点为参考点测电位值				分段电压				
	U_A	U_B	U_C	U_D	U_{AB}	U_{BC}	U_{CA}	U_{CD}	U_{DA}
正常									
断路故障									
短路故障									

（3）断开图 2-2-13 所示实验电路的电源，按表 2-2-7 所列要求用万用表分别测量总电阻和各段电阻。

表 2-2-7　　Ω

	正常	C 处断开	R1 短路
电路状态	R1 200Ω C B 100Ω R2 A	R1 200Ω C B 100Ω R2 A	R1 200Ω C B 100Ω R2 A
R_{AB}			
R_{BC}			
R_{CA}			

课题小结

串、并联电路的特点对比见表 2–2–8。

表 2-2-8

项目	串联	并联
电阻	电路的等效电阻： $R=R_1+R_2+\cdots+R_n$ 当 n 个阻值为 R_0 的电阻串联时： $R=nR_0$	电路的等效电阻与各并联电阻的关系： $\frac{1}{R}=\frac{1}{R_1}+\frac{1}{R_2}+\cdots+\frac{1}{R_n}$ 当 n 个阻值为 R_0 的电阻并联时： $R=\frac{R_0}{n}$
电流	电路中流过各元件的电流相等： $I=I_1=I_2=I_3=\cdots=I_n$	电路的总电流： $I=I_1+I_2+\cdots+I_n$ 两个电阻并联时的分流公式为： I_1=__________，I_2=__________
电压	电路两端的总电压： $U=U_1+U_2+\cdots+U_n$ 两个电阻串联时的分压公式为： U_1=__________，U_2=__________	电路中各元件两端的电压相等： $U=U_1=U_2=U_3=\cdots=U_n$

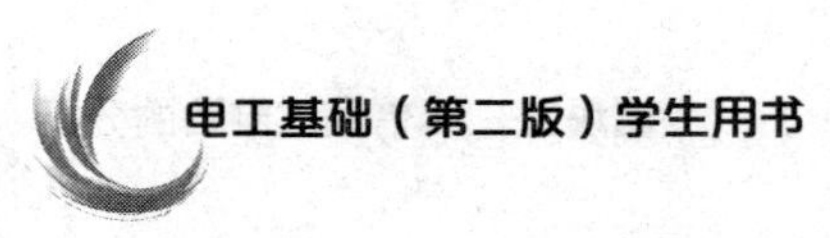

续表

项目	串联	并联
电功率	电路的总功率： $P=P_1+P_2+\cdots+P_n$ 功率分配与电阻成正比： $\frac{P_1}{P_2}=\frac{R_1}{R_2}$	电路的总功率： $P=P_1+P_2+\cdots+P_n$ 功率分配与电阻成反比： $\frac{P_1}{P_2}=\frac{R_2}{R_1}$
电池	电池组的总电动势： $E_{串}=$________ 电池组的总内阻： $r_{串}=$________	电池组的总电动势： $E_{并}=$________ 电池组的总内阻： $r_{并}=$________

五、自我检测

1. 填空题

（1）电阻串联可获得阻值________的电阻，可限制和调节电路中的________，可构成________________，还可扩大电表测量________的量程。电阻并联可获得阻值________的电阻，还可以扩大电表测量________的量程，____________相同的负载都采用并联的工作方式。

（2）有两个电阻R1和R2，已知$R_1:R_2=1:2$，若它们在电路中串联，则两电阻上的电压比$U_1:U_2=$________，两电阻上的电流比$I_1:I_2=$________。若它们在电路中并联，则两电阻上的电压比$U_1:U_2=$________，两电阻上的电流比$I_1:I_2=$________。

（3）在图2-2-15所示电路中，$R_1=2R_2$，$R_2=3R_3$，R_2两端的电压为10 V，则电源电动势$E=$________V（设电源内阻为零）。

（4）在图2-2-16所示电路中，$R_2=R_4$，$U_{AD}=120$ V，$U_{CE}=80$ V，则A、B间电压$U_{AB}=$________V。

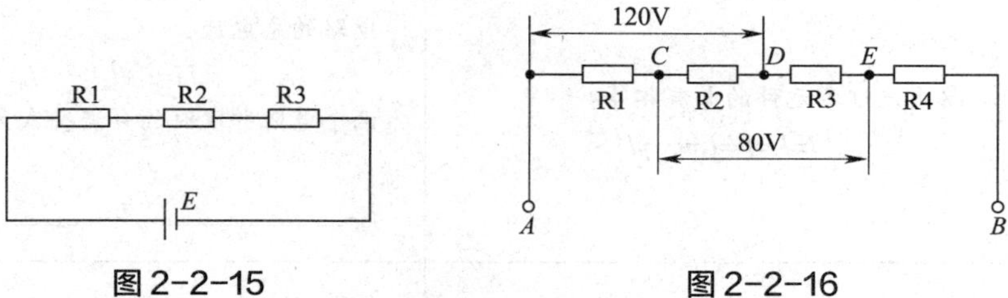

图2-2-15　　图2-2-16

（5）两个电阻并联，其中$R_1=200\ \Omega$，通过R1的电流$I_1=0.2$ A，通过整个并联电路的电流$I=0.6$ A，则$R_2=$________Ω，R2中的电流$I_2=$________A。

（6）在图2-2-17所示电路中，流过R2的电流为3 A，流过R3的电流为________A，这时E为________V。

（7）当用电器的额定电压高于单个电池的电动势时，可以用________电池组供电，但用电器的额定电流必须________单个电池允许的最大电流。当用电器的额定电流比单个电池允许通过的最大电流大时，可采用________电池组供电，但这时用电器的额定电压必须________单个电池的电动势。

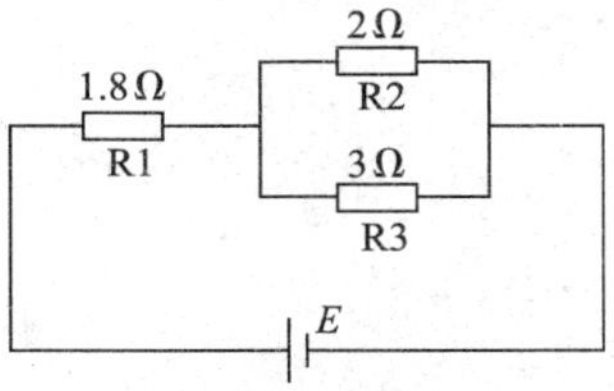

1.8 Ω R1　2 Ω R2　3 Ω R3　E

图 2-2-17

（8）有 2 个相同的电池，每个电池的电动势为 1.5 V，内阻为 0.1 Ω。若将它们串联起来，则总电动势为________V，总内阻为________Ω；若将它们并联起来，则总电动势为________V，总内阻为________Ω。

2. 选择题

（1）灯 A 的额定电压为 220 V，功率为 40 W；灯 B 的额定电压为 220 V，功率为 100 W。若把它们串联接到 220 V 电源上，则（　　）。

A. 灯 A 较亮　　B. 灯 B 较亮　　C. 两灯一样亮

（2）标明“100 Ω/40 W”和“100 Ω/25 W”的两个电阻串联时，允许加的最大电压是（　　）V。

A. 40　　B. 100　　C. 140

（3）在图 2-2-18 所示电路中，开关 S 闭合与打开时，电阻 R 中电流之比为 3 : 1，则 R 的电阻值为（　　）Ω。

A. 120　　B. 60　　C. 40

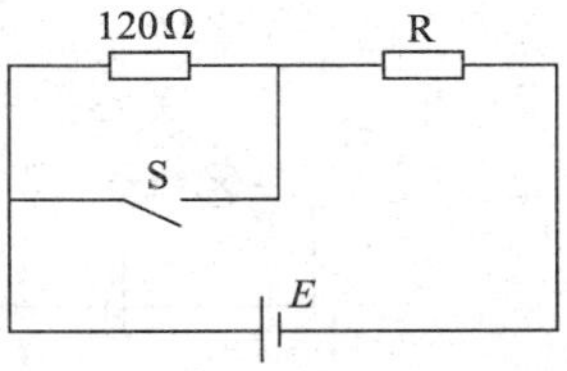

120 Ω　R　S　E

图 2-2-18

（4）给内阻为 9 kΩ，量程为 1 V 的电压表串联电阻后，量程扩大为 10 V，则串联电阻的电阻值为（　　）kΩ。

A. 1　　B. 90

C. 81　　D. 99

（5）已知 $R_1>R_2>R_3$，若将这三个电阻并联接在电压为 U 的电源上，获得最大功率的电阻将是（　　）。

A. R1　　B. R2　　C. R3

（6）标明“100 Ω/16 W”和“100 Ω/25 W”的两个电阻并联时两端允许加的最大电压是（　　）V。

A. 40　　B. 50　　C. 90

（7）要将图 2-2-19 所示电路中内阻 R_g=1 kΩ，最大电流 I_g=100 μA 的表头改为 1 mA 电流表，R1 的电阻值应为（　　）Ω。

A. 100/9　　B. 90

C. 99　　D. 1 000/9

（8）在图 2-2-20 所示电路中，电阻 R 的电阻值为（　　）Ω。

A. 1　　B. 5

C. 7　　D. 6

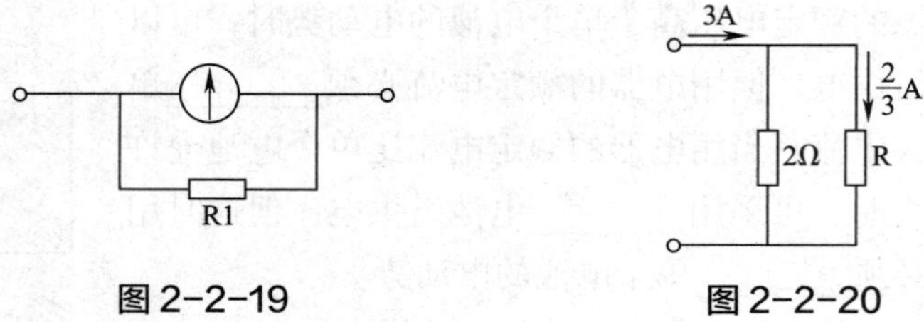

图 2-2-19　　　　图 2-2-20

（9）如图 2-2-21 所示，已知 $R_1=R_2=R_3=12\ \Omega$，则 A、B 间的总电阻应为（　　）Ω。

A. 18　　　B. 4　　　C. 0　　　D. 36

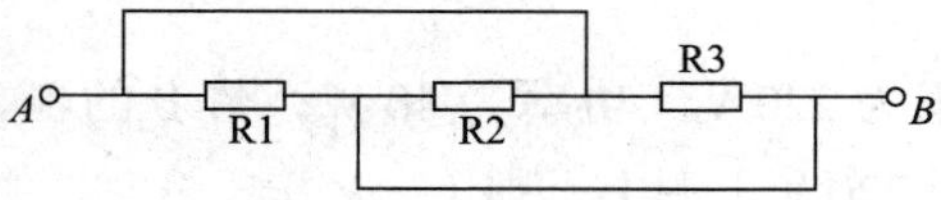

图 2-2-21

（10）在图 2-2-22 所示电路中，电源电动势 E=12 V，四只功率相同的灯泡的工作电压都是 6 V，要使灯泡正常工作，接法正确的是（　　）。

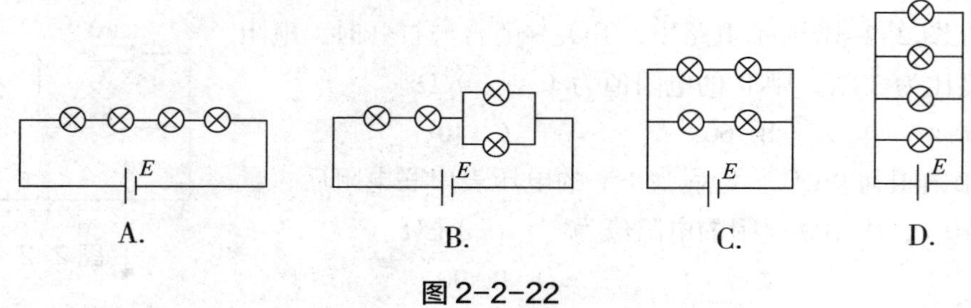

图 2-2-22

3. 计算题

（1）R1 和 R2 两个电阻串联，已知 $R_1=4R_2$，若 R1 上消耗的功率为 1 W，则 R2 上消耗的功率为多少？

（2）在图 2-2-23 所示电路中，电流表 PA1 的读数为 9 A，PA2 的读数为 3 A，$R_1=4\ \Omega$，$R_2=6\ \Omega$，求 R3 的电阻值。

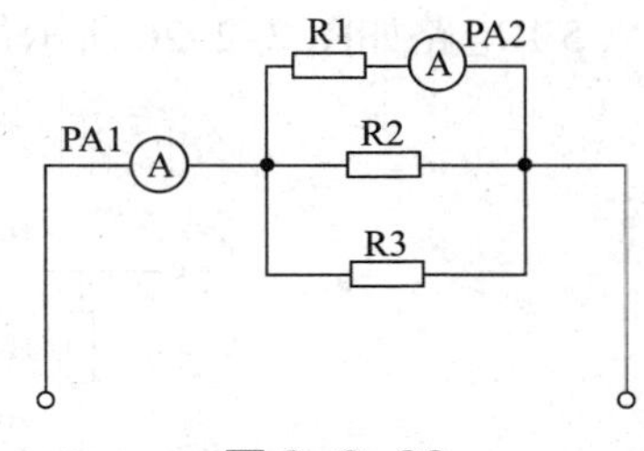

图 2-2-23

（3）在图 2-2-24 所示电路中，U_{AB}=60 V，总电流 I=150 mA，R_1=1.2 kΩ，求：

1）R2 的电阻值。

2）通过 R1、R2 的电流 I_1、I_2。

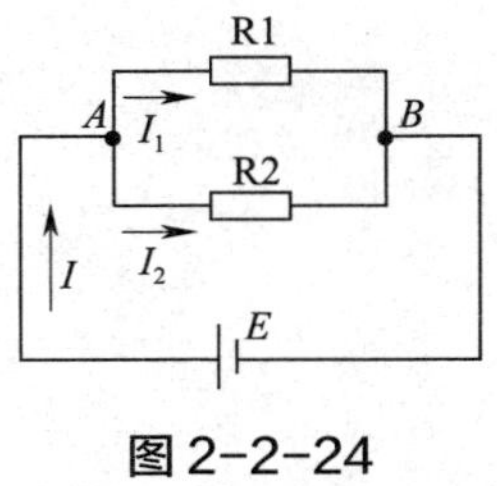

图 2-2-24

（4）电路如图 2-2-25 所示，E=10 V，R_1=200 Ω，R_2=600 Ω，R_3=300 Ω，求开关在 1、2、3 位置时的电压表读数。

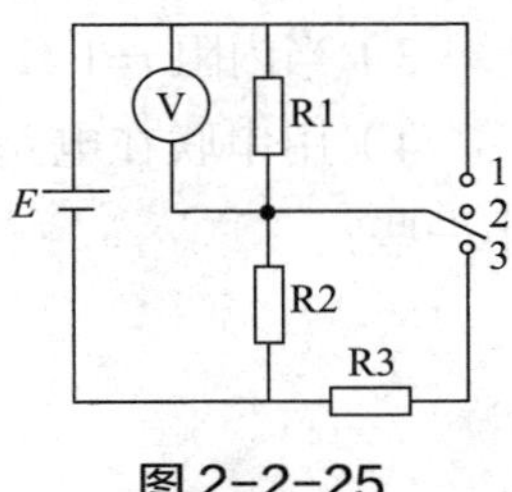

图 2-2-25

（5）电路如图 2–2–26 所示，求等效电阻 R_{AB}。

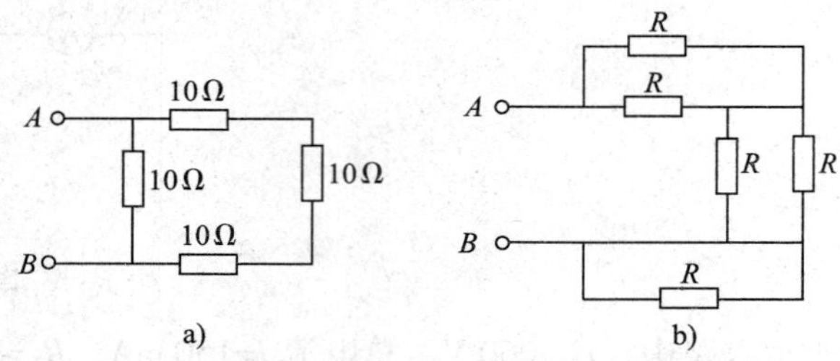

图 2–2–26

4. 问答和实验题

（1）在图 2–2–27 所示电路中，电压 U=10 V，电阻 R=5 Ω。则：

1）当 C、D 连接起来时，电路中的电流有多大?

2）当内阻 r=0.1 Ω 的电流表接在 C、D 之间时，电路中的电流有多大?

3）当内阻 r=1 Ω 的电流表接在 C、D 之间时，电路中的电流有多大?

4）用串联在电路中的电流表测量电流，对测量结果有什么影响？哪一个电流表影响小一些?

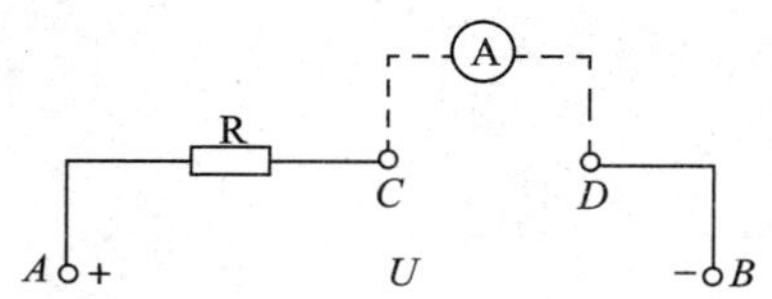

图 2–2–27

（2）参考上题，讨论电压表并联到电路中对所测电压的影响。

（3）在楼梯适当位置安装一盏电灯，同时在楼梯两端各设置一个开关。要求实现如下功能：上楼或下楼时拨动其中一个开关灯就亮，通过楼梯后拨动另一个开关灯就灭。试设计满足上述要求的电路，并画出电路图。

课题三　直流电桥

用伏安法测量电阻产生误差的主要原因是什么?

一、学习目标

完成本课题的学习后，应能够：

1．掌握直流电桥电路的结构形式。

2．掌握直流电桥的平衡条件。

3．通过实际操作，学会用直流电桥测量电阻。

4．了解不平衡直流电桥在测量和控制技术中的应用。

二、重点难点

重点：直流电桥的平衡条件。

难点：不平衡直流电桥的应用。

三、知识结构

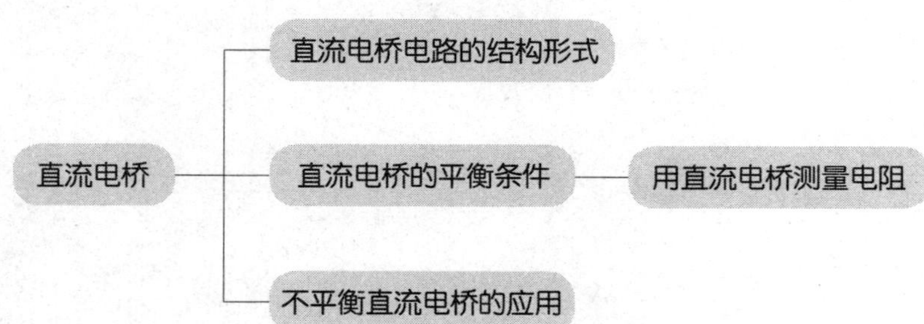

四、学练过程

复习提问

（1）用伏安法测电阻有哪两种接法？

（2）用伏安法测电阻产生误差的主要原因是什么？

分析讨论后完成表 2-3-1。

表 2-3-1

接法	测量电路	误差分析
	R_V V R_A A R	
	R_V V A R_A R	

在测量小电阻时，为了保证测量的准确度，应用直流电桥进行测量。

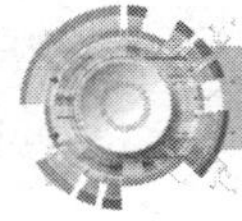

知识点 1　直流电桥的平衡条件及其应用

要点提示

（1）直流电桥平衡的条件是相对桥臂上的电阻乘积相等。

（2）电桥也可画成“工”字形，如图 2-3-1 所示。

（3）如 *AC* 和 *BD* 两条对角线都有电源（见图 2-3-2），则不是电桥。

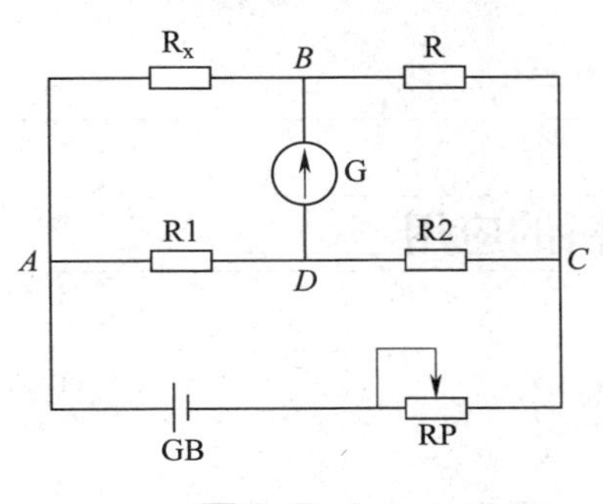

图 2-3-1

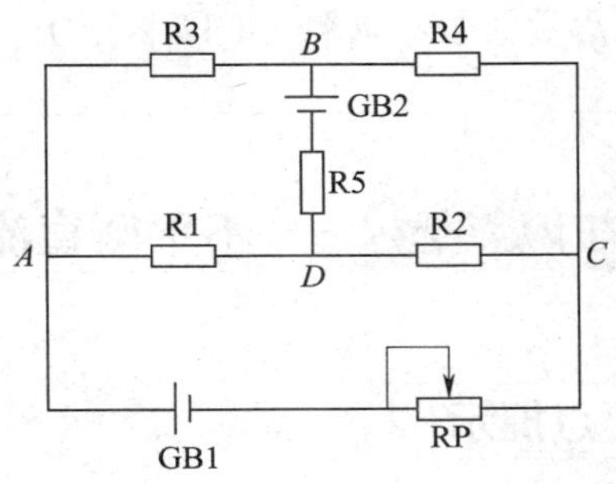

图 2-3-2

动手做

用直流电桥测量电阻

● **实验器材**

直流电桥 1 个，万用表 1 个，待测电阻若干，导线若干等。

● **实验过程**

（1）观察直流电桥面板，了解各旋钮的作用，对照教材图 2–26 所示直流电桥电路，了解各桥臂电阻及待测电阻在直流电桥中的位置。

（2）检查直流电桥是否有电，检查直流电桥各旋钮、检流计是否完好。

（3）取待测电阻 R_{x1} 和 R_{x2}，用万用表分别估测其电阻值，并记录在表 2–3–2 中。

（4）用直流电桥测量 R_{x1} 和 R_{x2} 的电阻值，并记录在表 2–3–2 中。

表 2–3–2

待测电阻	R_{x1}	R_{x2}
万用表估测值		
直流电桥测量值		

注意：使用直流电桥测量电阻，调节平衡时先接通电源按钮，再接通检流计按钮；测量结束后，先断开检流计按钮，再断开电源按钮。

知识拓展

1．直流电桥和交流电桥

直流电桥：桥臂由电阻元件构成，采用直流电源供电。

交流电桥：桥臂均由阻抗元件（即电阻、电容、电感元件）或它们的组合构成，采用正弦交流电源供电。

2．单臂电桥和双臂电桥

单臂电桥（惠斯通电桥）：只有一个桥臂接入待测电阻，其他三个桥臂接固定电阻。单臂电桥适用于测量中值电阻（1 ~ 10^6 Ω）。

双臂电桥（开尔文电桥）：电桥的两个桥臂接入待测电阻，另两个桥臂接固定电阻。双臂电桥适用于测量小电阻（1 Ω 以下）。

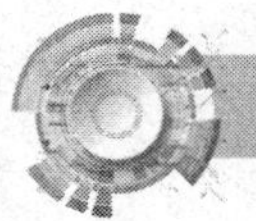

知识点 2　不平衡直流电桥的应用

要点提示

（1）直流电桥的检流计读数不为零时，称为不平衡直流电桥。

（2）当 R_x 为某一定值时，将直流电桥调节至平衡。此时，当 R_x 变化时，相应会引起电流和电压的变化；反之，从电流和电压的变化亦可获知 R_x 的变化情况。

课堂练习

教材中仅列举了两个应用实例，实际上，通过各种传感器与直流电桥相连，组成信号变送电路，可以将温度、湿度、气体浓度、压力、频率等各种参数的变化量转换成电压或者电流的变化量作为输入信号，经过系统处理后，进而实现测量和控制的功能。试列举你所了解的直流电桥电路在测量和控制技术中的应用。

课题小结

（1）直流电桥的平衡条件是__________________，此时检流计读数为_______。

（2）利用直流电桥的平衡条件，可得待测电阻 R_x=_______。

（3）在测量实践中，有时并非利用直流电桥的平衡状态，而是根据直流电桥指示仪表（如电流表）非零的指示值来确定测量结果。因此，____________电桥在测量和控制技术中同样有着广泛的应用。

五、自我检测

1．填空题

在图 2-3-3 所示电路中，已知电源电动势 E=12 V，电源内阻不计，电阻 R_1=R_2，两端的电压分别为 2 V 和 6 V，极性如图所示。那么电阻 R3、R4 和 R5 两端的电压分别为________、________和________，在图上标出它们的极性。

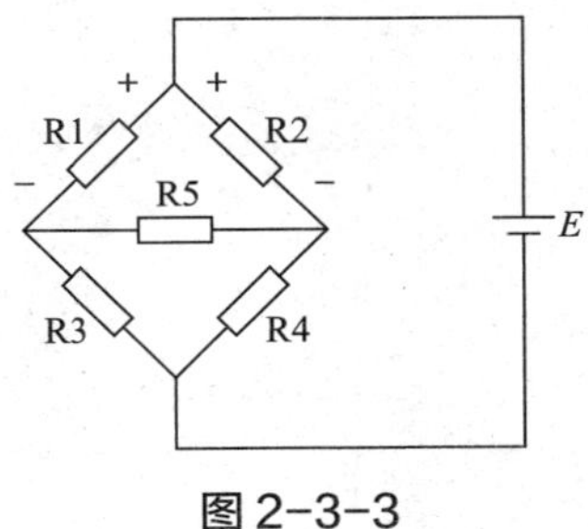

图 2-3-3

2. 计算题

（1）图 2-3-4 所示的直流电桥处于平衡状态，其中 R_1=30 Ω，R_2=15 Ω，R_3=20 Ω，r=0.5 Ω，E=7.4 V，求 R4 的电阻值和流过它的电流值。

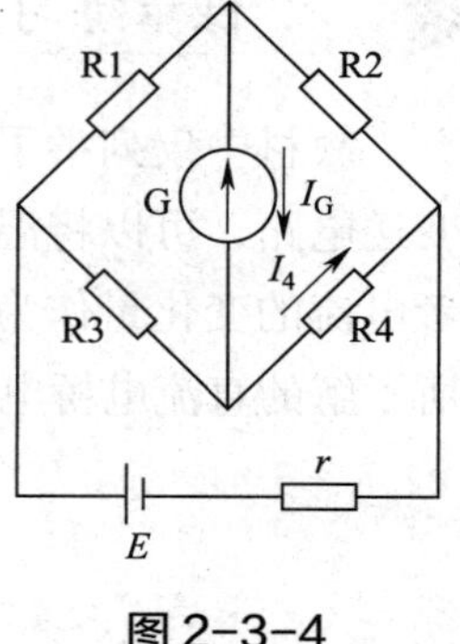

图 2-3-4

（2）求图 2-3-5 所示电桥电路中 R5 上的电流和总电流。

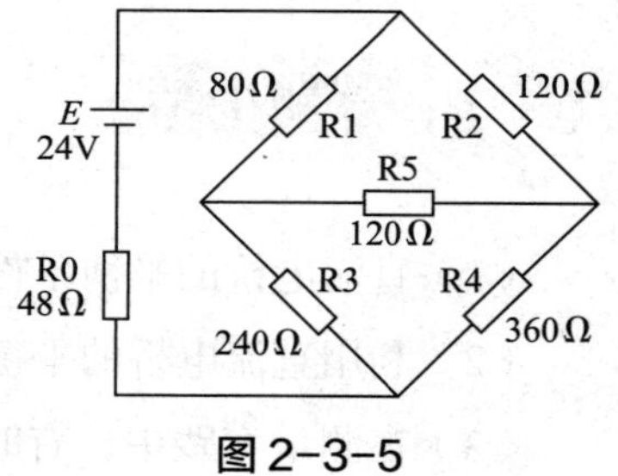

图 2-3-5

模块三
复杂直流电路的分析

课题一　基尔霍夫定律

不平衡直流电桥能用电阻串、并联关系求解吗？若不能，该如何求解？

一、学习目标

完成本课题的学习后，应能够：

1. 了解复杂电路和简单电路的区别，掌握复杂电路的基本术语。
2. 掌握基尔霍夫第一定律的内容，并了解其应用。
3. 掌握基尔霍夫第二定律的内容，并了解其应用。

二、重点难点

重点：基尔霍夫第一定律和基尔霍夫第二定律的内容。

难点：应用基尔霍夫定律求解复杂电路。

三、知识结构

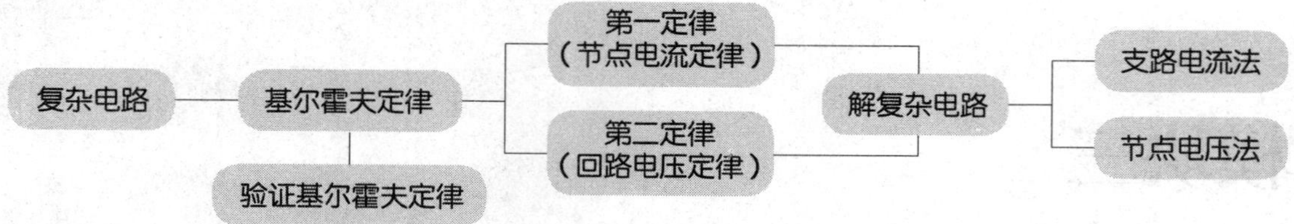

四、学练过程

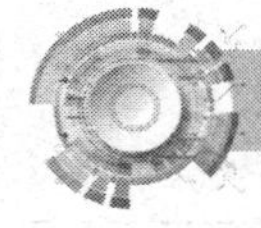

知识点 1　复杂电路的基本概念

复杂电路：不能利用电阻串、并联关系化简求解的电路。

支路：电路中每一个分支。

节点：三条或三条以上支路汇成的交点。

回路：电路中任一闭合路径。

网孔：最简单的回路，又称独立回路。

要点提示

（1）复杂电路。

复杂电路不可根据元件的多少来判断。例如，图 3–1–1a、b 所示的电路虽然元件较多，但它们可以利用串、并联关系化简，因此是简单电路。图 3–1–1c 所示的电路虽然元件不多，但三个电阻既不是串联，也不是并联，因此是复杂电路。

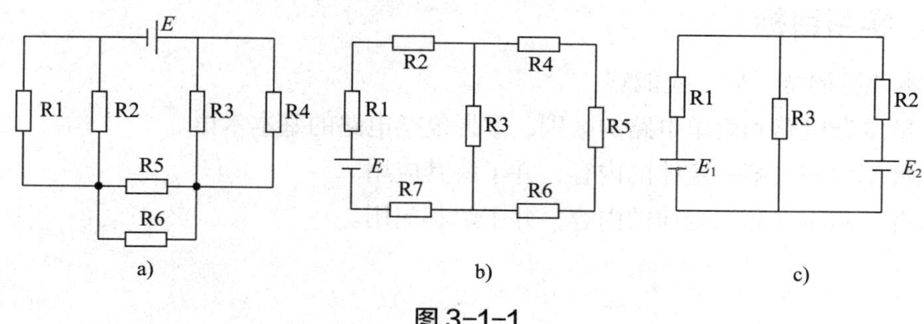

图 3–1–1

（2）支路。

支路是由一个或几个相互串联的电路元件构成的，因此，同一支路各元件中流过同一电流，在标注参考方向时只需标一个电流。单独一个电动势也可组成支路。图 3–1–2 所示电路有三条支路，在图中标出了三个支路电流 I_1、I_2 和 I_3。

（3）节点。

节点是三条或三条以上支路的交点。节点之间必然要有元件，同电位点是一个节点。图 3–1–3 所示电路有两个节点，分别是 A 和 B，它们是三条支路的交点。

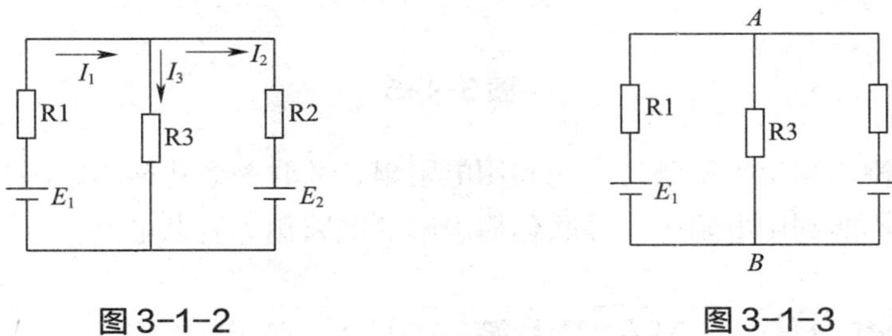

图 3–1–2　　　　图 3–1–3

（4）回路。

回路是电路中任一闭合路径。电路中总回路数 = 网孔数 + 含有两个网孔的回路数 +…+ 含有 n 个网孔的回路数。

例如，图 3–1–3 所示电路的总回路数为 2+1=3。

（5）网孔。

网孔是最简单的不能再分割的回路。

注意：网孔一定是回路，但回路不一定是网孔。

课堂练习

（1）图 3–1–4a 所示电路能利用电阻串、并联关系化简求解吗？__________。

图 3–1–4b 所示电路能利用电阻串、并联关系化简求解吗？__________。

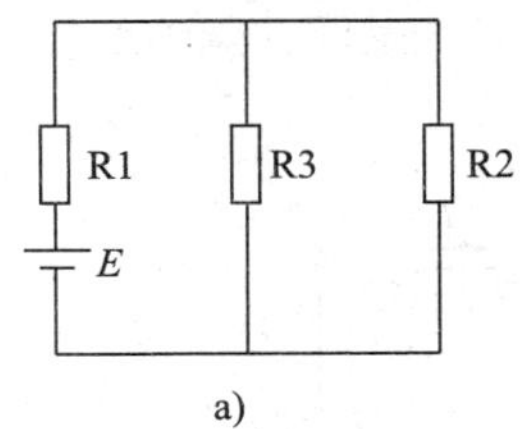

a)

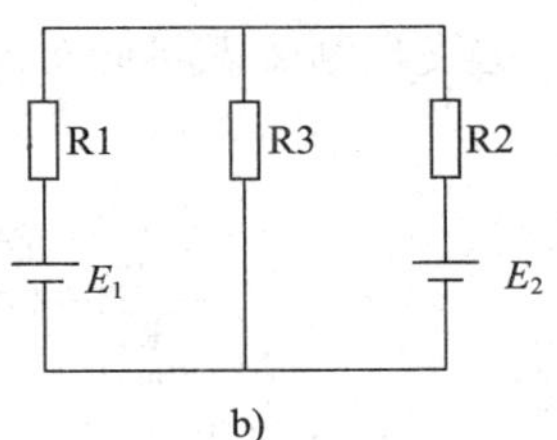

b)

图 3–1–4

（2）图 3–1–5a 所示为直流电桥电路。当电桥平衡时，图中 U_C 和 U_D 相等吗？________。电阻 R5 上有电流吗？________。这时 R_1、R_2、R_3、R_4 应满足什么关系？________________。

在图 3–1–5b 所示虚线框中画出平衡直流电桥的等效电路。

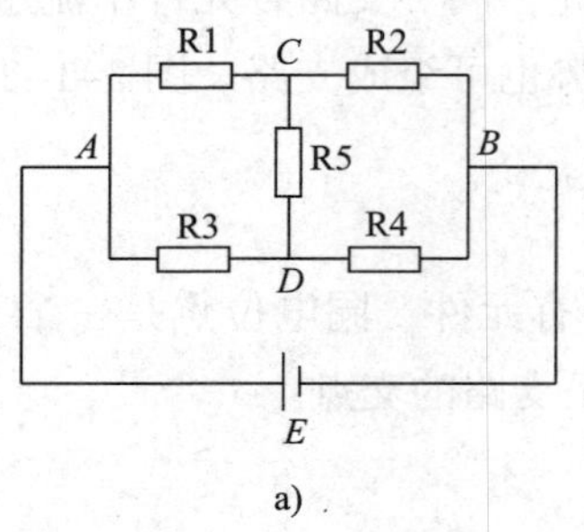

a)

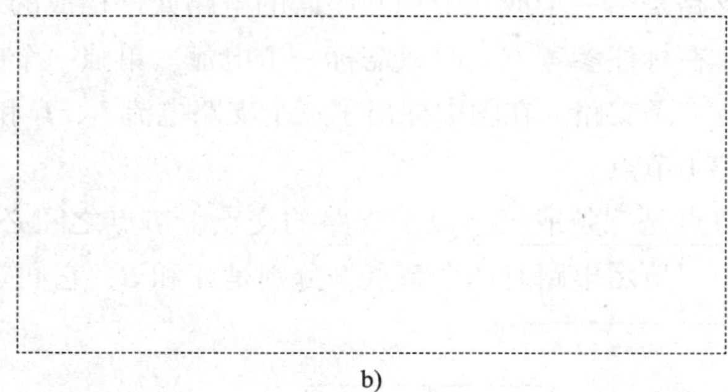
b)

图 3–1–5

如果直流电桥不满足平衡条件，能利用电阻串、并联关系化简求解吗？ ____________。综上所述，不能利用电阻串、并联化简求解的电路称为复杂电路。

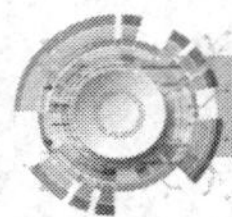

知识点 2　基尔霍夫第一定律（节点电流定律）

在任意瞬间，流进某一节点的电流之和恒等于流出该节点的电流之和，即

$$\sum I_{进} = \sum I_{出}$$

动手做

节点电流的测定

● **实验器材**

直流稳压电源 2 台，毫安表（0~50 mA）3 个，电阻 3 个（100 Ω、200 Ω、300 Ω 各 1 个）等。

● **实验过程**

（1）按图 3–1–6 连接电路，调节直流稳压电源，使 $E_1=E_2=12$ V。

（2）接通电源，若发现电流表指针反偏，应立即断开电源，调换电流表极性后重新通电。

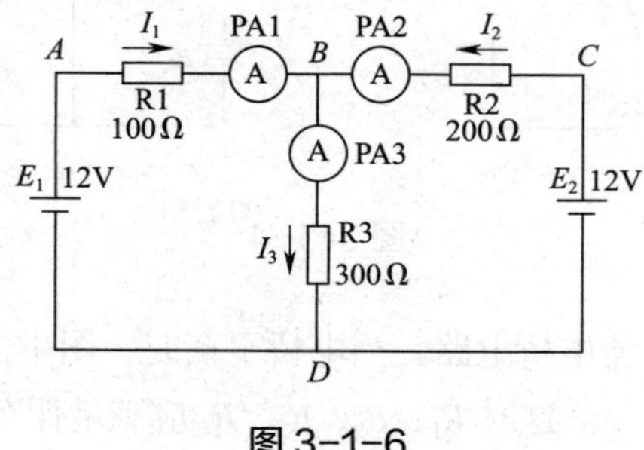

图 3–1–6

（3）测量 I_1、I_2、I_3 的数值，比较流入节点 B 的电流和 $\sum I_{入}$ 与流出节点 B 的电流和 $\sum I_{出}$ 之间的关系，将实验数据记入表 3-1-1 中。

（4）测量完毕，断开电源。

表 3-1-1 mA

I_1	I_2	I_3	$\sum I_{入}$	$\sum I_{出}$

● **分析归纳**

通过上述实验可以发现，流入、流出节点 B 的电流的代数和 $I_1+I_2-I_3=0$，这一规律具有普遍性，即基尔霍夫第一定律。

要点提示

（1）可结合图 3-1-7 所示简单直流电路，理解基尔霍夫第一定律。即

$$I_1+I_2=I_3+I_4+I_5$$

上式中等式左边的 I_1、I_2 为流入 A 点的电流，等式右边的 I_3、I_4、I_5 为流出 A 点的电流。

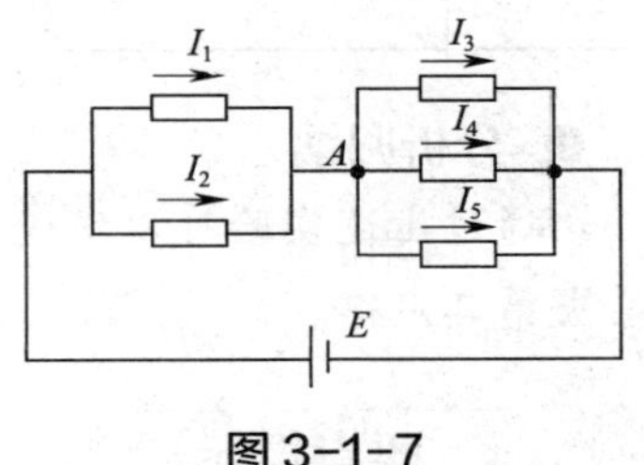

图 3-1-7

将上式变形为 $I_1+I_2-I_3-I_4-I_5=0$，则可得基尔霍夫第一定律的另一种表达方式，即对任一节点而言，流入（或流出）该节点电流的代数和恒等于零。数学表达式为 $\sum I=0$。

（2）基尔霍夫第一定律反映了节点上电流之间的关系，体现了电流的连续性。

（3）对有 n 个节点的电路，只能列出 $n-1$ 个独立的电流方程。

（4）基尔霍夫第一定律不仅适用于一个节点，对包围几个节点的封闭面也同样适用（见图 3-1-8）。

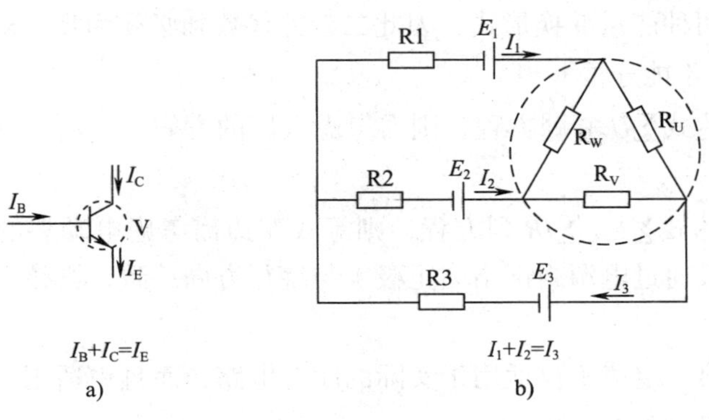

图 3-1-8

知识点 3　基尔霍夫第二定律（回路电压定律）

在任一闭合回路中，各段电路电压降的代数和恒等于零，即$\sum U=0$。

动手做

回路电压的测定

● **实验过程**

继续节点电流的测定实验，用导线代替电流表，并用万用表直流电压挡测量电压U_{AB}、U_{BD}、U_{DA}、U_{DC}、U_{CB}，计算回路*ABDA*和回路*BCDB*的电压降之和，将实验数据记入表 3–1–2。

表 3–1–2　　V

U_{AB}	U_{BD}	U_{DA}	U_{DC}	U_{CB}	回路 *ABDA* 电压降之和	回路 *BCDB* 电压降之和

● **分析归纳**

通过上述实验可以发现，回路的电压降之和为零，这一规律具有普遍性，这就是基尔霍夫第二定律。

要点提示

（1）基尔霍夫第二定律的另一种表示形式为$\sum E=\sum IR$，即在任一循环方向上，回路中电动势的代数和恒等于电阻上电压降的代数和。

这可以从能量守恒定律来理解，即电源将正电荷从负极经电源内部移到正极是非静电力做功；正电荷从电源正极经负载后回到电源负极，这是电场力对沿路的负载做功。在整个过程中，只有这两种能量变换形式，因此二者的代数和必须为零（即二者在数值上必须相等），否则能量将不能守恒。

（2）若应用表达式$\sum U=0$列方程，则需考虑电压的方向，即沿着回路绕行方向，电压取正，反之取负。

（3）若应用表达式$\sum E=\sum IR$列方程，则等式左边需考虑电动势的方向，即电动势的方向（即由电源负极通过电源内部指向正极）与绕行方向一致，则该电动势取正，反之取负。

（4）基尔霍夫第二定律不仅适用于实际的闭合电路，而且也适用于不完全由实际元件构成的假想电路，如图 3–1–9 所示。

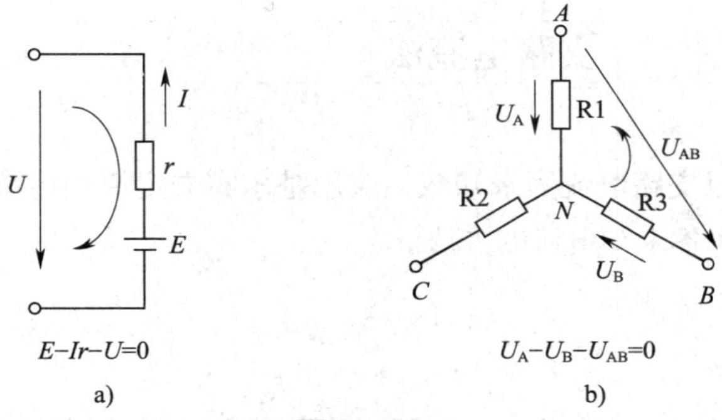

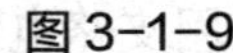
图 3-1-9

课堂练习

（1）将教材图 3–9 所示电路电流的参考方向改为相反的绕行方向，如图 3-1-10 所示，列出回路电压方程。

回路电压方程：______________________________

与原电压方程进行比较并讨论。

（2）将教材图 3–10 所示电路中支路电流 I_2 的参考方向改为与原方向相反，如图 3-1-11 所示，重新列方程求解。

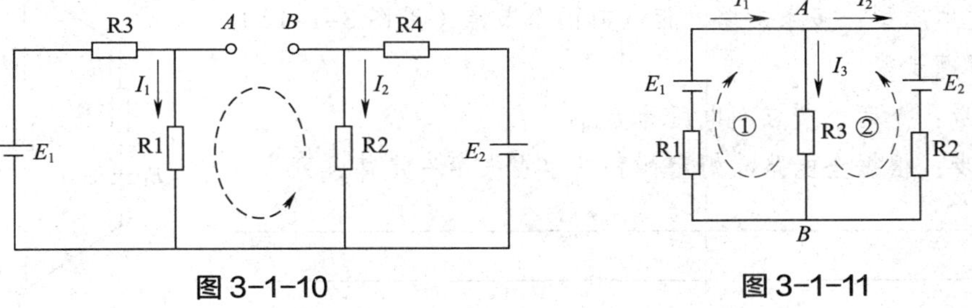

图 3-1-10　　　　图 3-1-11

列方程：______________________________

____

____

求解并与原计算结果进行比较。

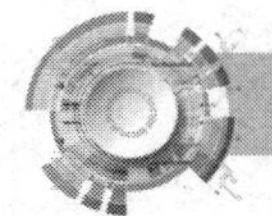

知识点 4　支路电流法

支路电流法就是以支路电流为未知数，应用基尔霍夫定律列出节点电流方程和回路电压方程，然后联立求解各未知电流的方法。

要点提示

如果电路有 m 条支路、n 个节点，则用支路电流法解题的步骤如下。

（1）先标出各支路电流的参考方向和假定的回路绕行方向。

（2）根据基尔霍夫第一定律列出 $n-1$ 个节点电流方程。

（3）根据基尔霍夫第二定律列出 $m-(n-1)$ 个回路电压方程。

（4）代入数值，联立求解方程组，从而得到各支路电流。

（5）根据计算结果，确定各支路电流的实际方向。

知识拓展

（1）节点电压法。

1）适用题型：多条支路，但只有两个节点（见图 3–1–12）。

2）解题步骤。

第一步：令两个节点间电压为 U_{AB}。

第二步：根据全电路欧姆定律和基尔霍夫第一定律，列方程：____________________________________

____

求得 U_{AB}=________________________________

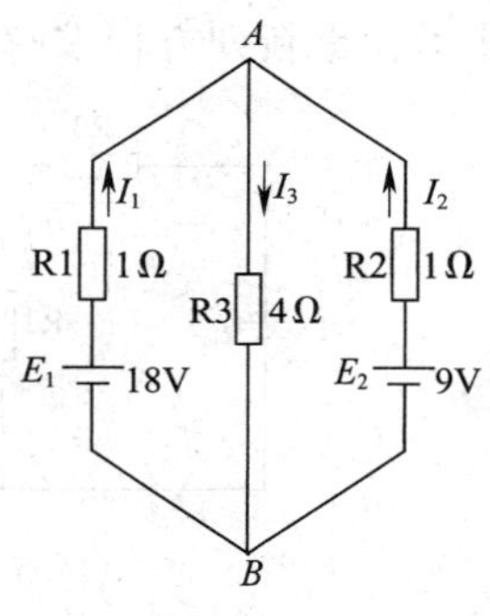

图 3–1–12

由此可计算出各支路电流：

I_1=____

I_2=____

I_3=____

（2）基尔霍夫第一定律的应用。

在图 3–1–13 中，已知三极管基极电流 I_B 为 50 μA，集电极电流 I_C 为 2 mA，求发射极电流 I_E。

解：

根据基尔霍夫第一定律可得 $I_E=I_B+I_C=2.05$ mA。

三极管发射极电流等于基极电流与集电极电流之和，这一结论在后面课程中分析三极管放大电路时经常要用到。

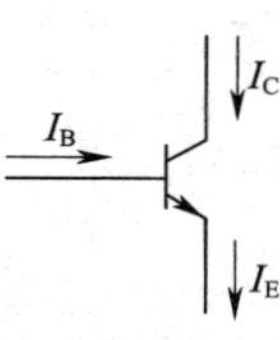

图 3–1–13

（3）基尔霍夫第二定律的应用。

在图 3-1-14 所示放大电路中，已知三极管 V 的集电极 C 和发射极 E 之间的电压为 U_{CE}，集电极电源电动势为 E_C，试列出回路电压方程。

解：

按图中绕行方向，根据基尔霍夫第二定律，可列出回路电压方程为

$$E_C-I_CR_C-U_{CE}-I_ER_E=0$$

在分析三极管放大电路时，经常要讨论三极管管压降 U_{CE} 的大小，根据上式可得：

$$U_{CE}=E_C-I_CR_C-I_ER_E$$

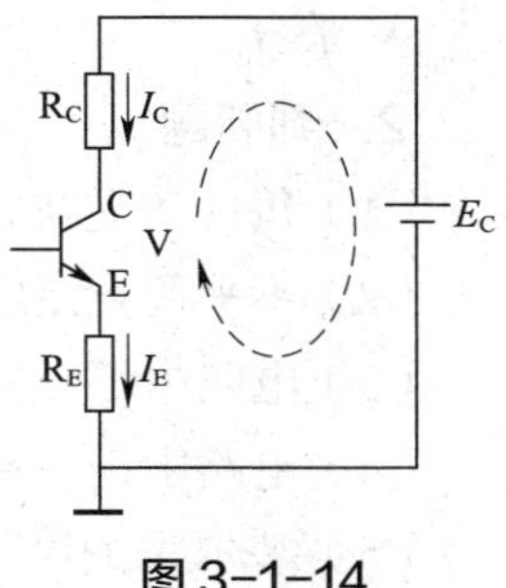

图 3-1-14

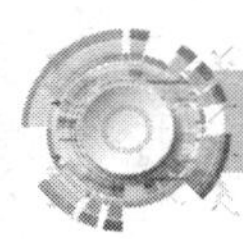

课题小结

（1）基尔霍夫第一定律又称节点电流定律，它反映了节点上各支路电流之间的关系。其表达式为______________或______________。

（2）基尔霍夫第二定律又称回路电压定律，它反映了回路中各元件两端电压之间的关系。其表达式为______________或______________。

五、自我检测

1. 选择题

（1）某电路有 3 个节点和 7 条支路，采用支路电流法求解各支路电流时，应列出节点电流方程和回路电压方程的个数分别为（　　）。

A. 3、4　　B. 4、3　　C. 2、5　　D. 4、7

（2）在图 3-1-15 所示电路中，其节点数、支路数、回路数及网孔数分别为（　　）。

A. 2、5、3、3　　B. 3、6、4、6　　C. 2、4、6、3　　D. 3、4、3、6

（3）在图 3-1-16 中，$E=$（　　）V。

A. 3　　B. 4　　C. −4　　D. −3

（4）在图 3-1-17 所示电路中，I_1 和 I_2 的关系为（　　）。

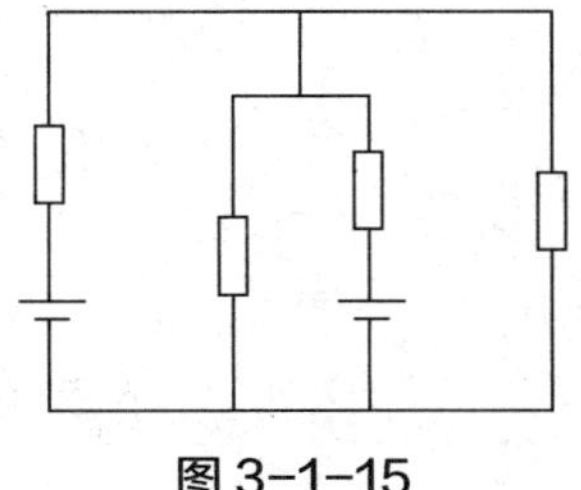
图 3-1-15

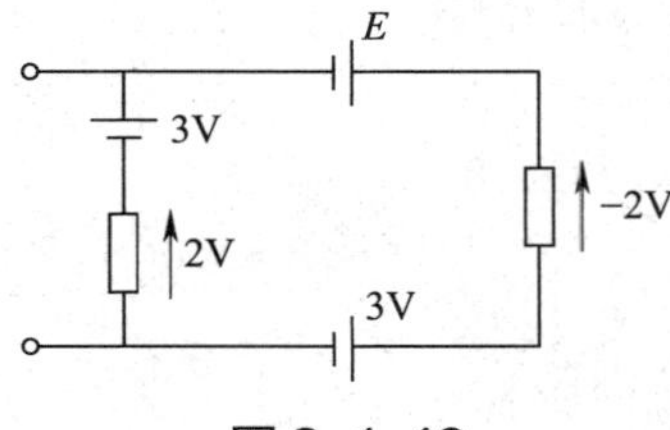

图 3-1-16

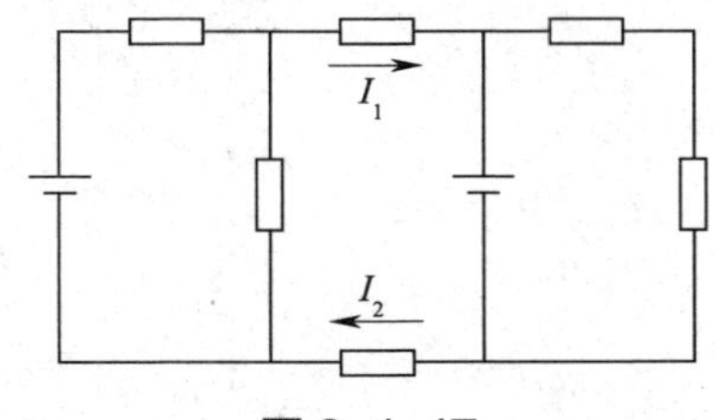

图 3-1-17

A. $I_1<I_2$　　B. $I_1>I_2$　　C. $I_1=I_2$　　D. 不确定

2. 判断题

（1）每一条支路中的元件，仅是一个电阻或一个电源。（　　）

（2）不平衡直流电桥是复杂直流电路，平衡直流电桥是简单直流电路。（　　）

（3）电路中任一网孔都是回路。（　　）

（4）电路中任一回路都可以称为网孔。（　　）

（5）基尔霍夫第一定律是指沿回路绕行一周，各段电压的代数和一定为零。（　　）

3. 计算题

（1）求图 3-1-18 所示电路中 I、I_1 及 E 的大小。

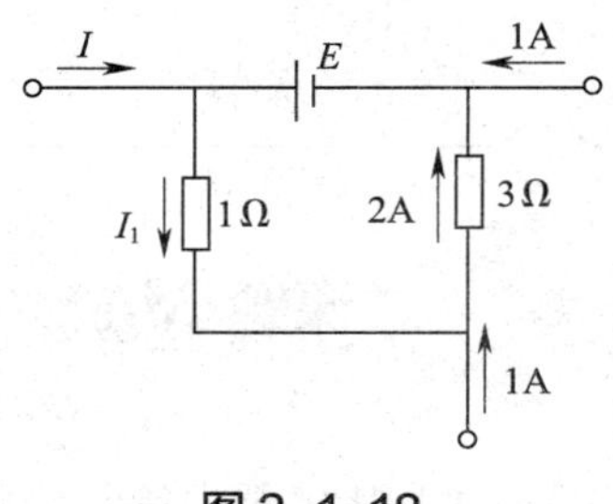

图 3-1-18

（2）电路如图 3-1-19 所示，已知 $E_1=E_3=5$ V，$E_2=10$ V，$R_1=R_2=5$ Ω，$R_3=15$ Ω，求各支路电流及 A、B 两点间的电压 U_{AB}。

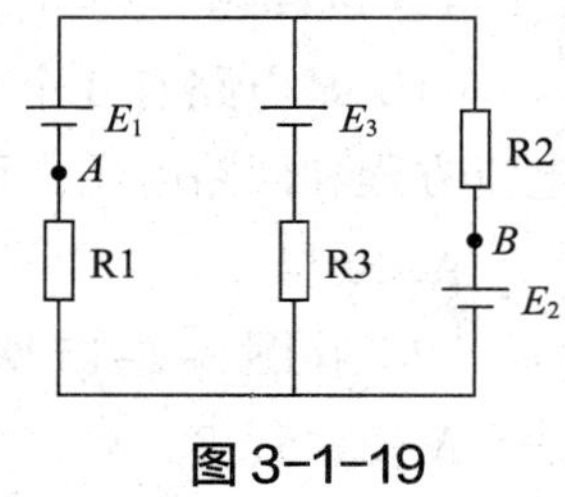

图 3-1-19

（3）在图 3–1–20 所示电路中，E_1=8 V，E_2=6 V，R_1=R_2=R_3=2 Ω，试用支路电流法求：

1）电流 I_3。

2）电压 U_{AB}。

3）R3 上消耗的功率。

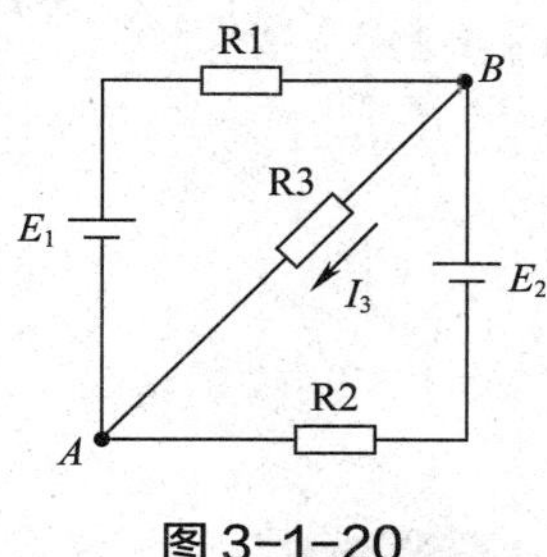

图 3–1–20

课题二　有源电路的等效变换

理想电压源与理想电流源各有什么特点？为什么一个实际电源既可以用电压源表示，也可以用电流源表示？电压源和电流源之间又是如何进行等效变换的？

一、学习目标

完成本课题的学习后，应能够：

1. 理解电压源和电流源的特点。
2. 正确进行电压源和电流源之间的等效变换。
3. 理解戴维南定理（等效电压源定理），学会应用戴维南定理分析计算电路。
4. 了解负载获得最大功率的条件及功率匹配的概念。

二、重点难点

重点：电压源和电流源的等效变换。

难点：戴维南等效电路的计算。

三、知识结构

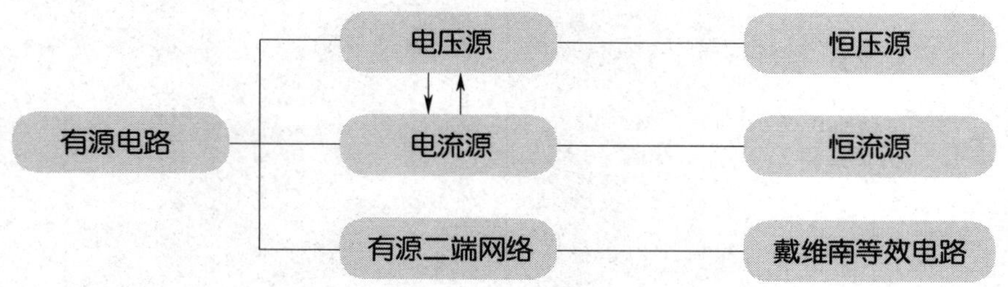

四、学练过程

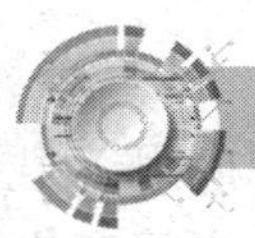

知识点 1 电压源

把一个实际电源用恒定电动势和内阻串联表示，称为电压源模型，简称电压源。内阻为零的电压源称为理想电压源，又称恒压源。

要点提示

根据全电路欧姆定律可得，在图 3–2–1 所示电路中：

图 3–2–1

当 R_L=1 kΩ 时，$U_L=6\times\dfrac{1\ 000}{1\ 000+1}\ \text{V}\approx 6\ \text{V}$

当 R_L=10 kΩ 时，$U_L=6\times\dfrac{10\ 000}{10\ 000+1}\ \text{V}\approx 6\ \text{V}$

由于电源电阻 r 远远小于负载电阻 R_L，所以当 R_L 在 1 ~10 kΩ 之间变化时，U_L 近似不变。如果 r=0，则无论 R_L 如何变化，U_L 恒为 6 V（即电源电动势），这便是恒压源。但这只是一种理想电源，实际电源总是含有内阻的。

课堂练习

将图 3–2–2 所示的两个电压源合并为一个电压源。

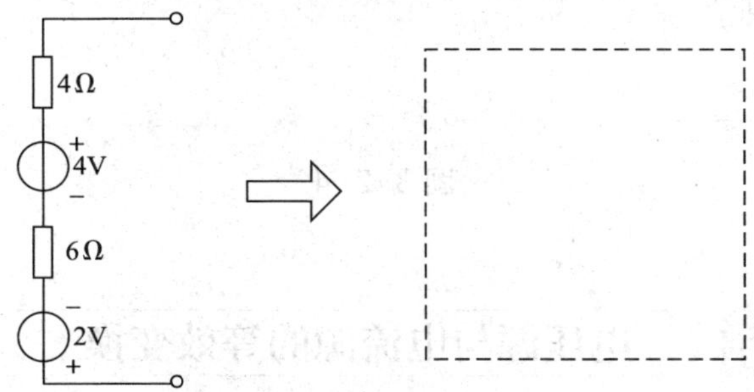

图 3–2–2

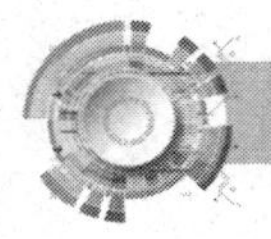

知识点 2 电流源

把一个实际电源用一个恒定电流和内阻并联表示，称为电流源模型，简称电流源。

内阻为无穷大的电流源称为恒流源。

要点提示

（1）如图 3–2–3 所示，将一个 12 V 电源和一个 12 kΩ 的电阻（相当于电源内阻）串联。由于电源内阻（模拟内阻）远远大于负载电阻 R_L，所以当 R_L 在 0 至几十欧之间变化时，输出电流基本稳定。如果内阻为无穷大，则无论 R_L 如何变化，电流都恒定不变。

（2）注意电流源与电压源形式的区别，电流源是一个恒流源与内阻并联。电流源内阻越大，输出电流在内阻上的分流越小，对负载电流的影响也就越小。

（3）理想电流源的输出电流 I_S 为定值。其端电压可以是任意的，由外接负载决定。

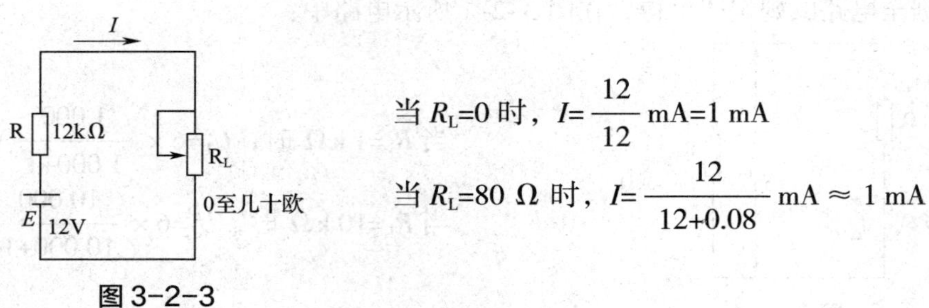

图 3–2–3

课堂练习

将图 3–2–4 中两个电流源合并为一个电流源。

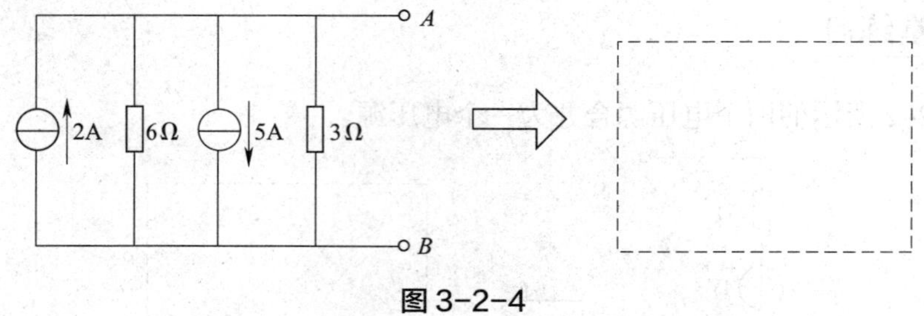

图 3–2–4

电压源与电流源的等效变换

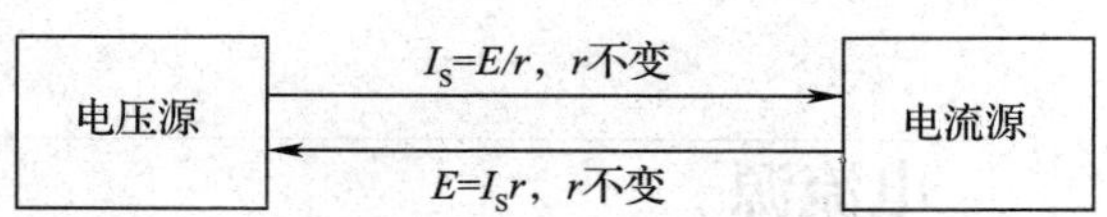

要点提示

电压源和电流源等效变换的条件如下。

（1）如图 3–2–5 所示，电动势 E 的正极应与电流源 I_S 的流出端相对应，以保证对外电路输出电流 I 方向的一致性。

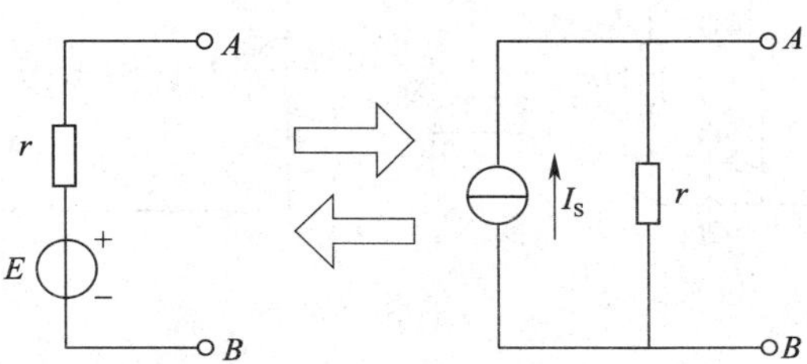

图 3–2–5

（2）两种电路模型中内阻 r 是相同的，但连接方式却不同。在实际电压源中，r 与 E 是串联组合；而在实际电流源中，r 与 I_S 是并联组合。

（3）等效只是对外电路而言，由于内部结构形式不同，对电源内部而言是不能等效的（内阻电压降和内阻功率损耗不一样）。

（4）可以进一步将电压源理解为恒压源与电阻串联的组合，电流源理解为恒流源与电阻并联的组合。也就是说，任意一个电动势为 E 的理想电压源与电阻 R 串联的电路，都可以等效变换为一个电流为 I_S 的理想电流源与这个电阻 R 并联的电路。

（5）理想电压源（恒压源）与理想电流源（恒流源）不能等效变换。

课堂练习

用电压源和电流源等效变换的方法计算图 3–2–6 所示电路中 1 Ω 电阻上的电流 I。

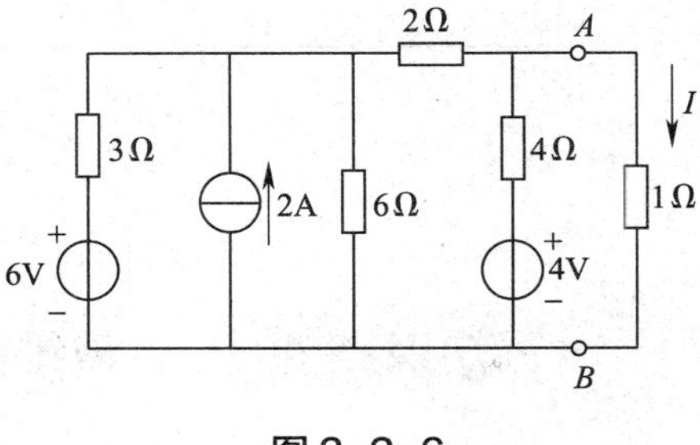

图 3–2–6

解：

把 1 Ω 电阻以外的有源二端网络用电压源与电流源等效变换的方法化简成一个电源，使整个电路变换为简单电路，以便求解，如图 3–2–7 所示。

根据分流公式可得：

I=______________________________

应用电压源与电流源等效变换解题时需注意以下几点：

（1）在等效变换的过程中，待求支路不参与等效变换，应始终保留不动。

（2）在等效变换的过程中，只有出现电压源与电压源串联、电流源与电流源并联时才能合并，因此，电源串联时应化为电压源，而电源并联时则应化为电流源。

（3）凡与恒压源并联的元件或与恒流源串联的元件对外电路来说都可取消（即与恒压源并联的元件可去除，而与恒流源串联的元件可用短路线代替）。

（4）若需计算待求支路以外的功率，必须回到原电路中。

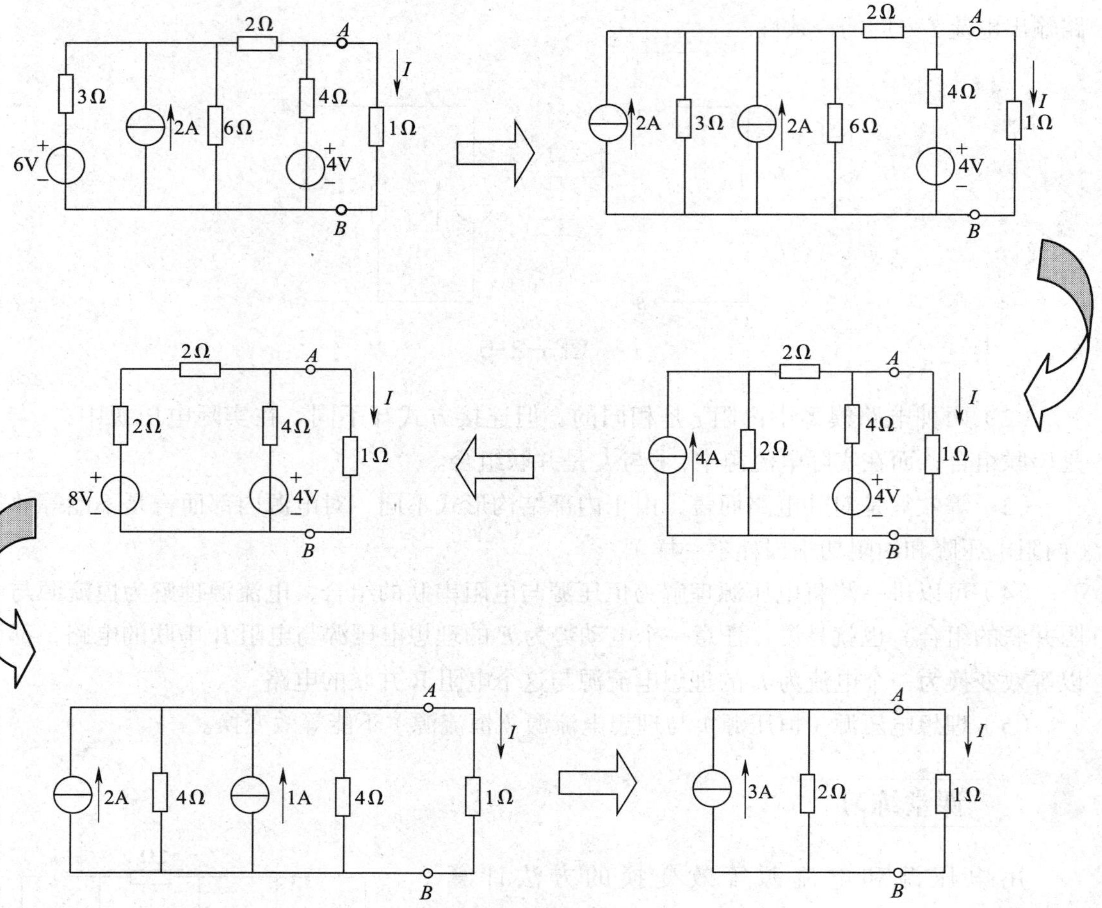

图 3-2-7

知识点 4　戴维南定理

任何具有两个引出端的电路（也称网络）都可称为二端网络。若在这部分电路中含有电源，就称为有源二端网络，否则称为无源二端网络。

戴维南定理：任何有源二端网络都可以用一个等效电压源来代替，电压源的电动势等于有源二端网络的开路电压，其内阻等于有源二端网络内所有电源不起作用时，网络两端的等效电阻。

要点提示

（1）戴维南定理适用场合：只求复杂电路中某一支路中的电流、电压和功率。

（2）应用戴维南定理解题的步骤如下：

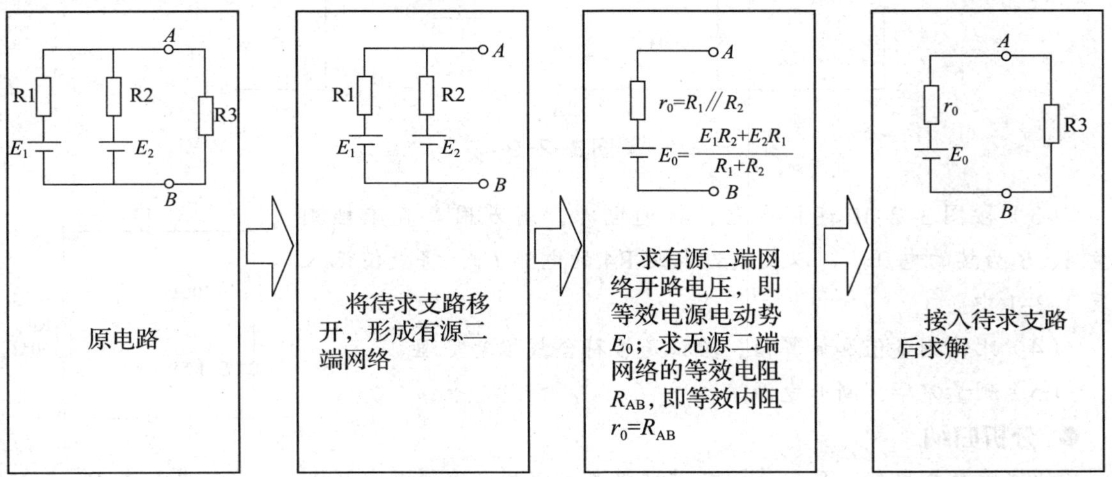

动手做

验证戴维南定理

● **实验器材**

直流稳压电源（双路）1 台，万用表 1 个，电阻 4 个（50 Ω 2 个，100 Ω 2 个）等。

● **实验过程**

（1）按图 3-2-8 连接电路，接通电源，用万用表直流挡测量 A、B 两端的电压 U_{AB} 以及流过电阻 R4 的电流 I_{AB}。将数值记入表 3-2-1 中。

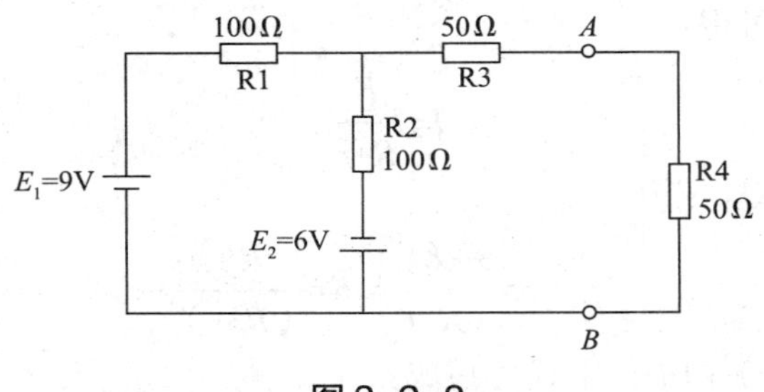

图 3-2-8

表 3-2-1

电路	U_{AB}/V	I_{AB}/A
图 3-2-8 所示电路		
图 3-2-10 所示电路		

（2）根据戴维南定理计算出等效电源（见图 3–2–9）。

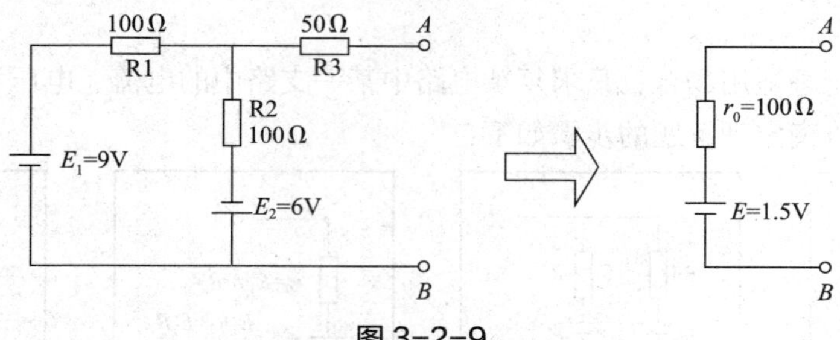

图 3–2–9

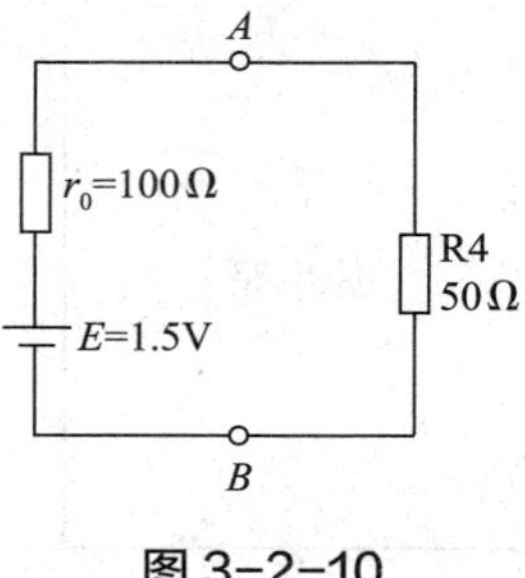

图 3–2–10

（3）按图 3–2–10 连接电路，接通电源，用万用表直流挡测量 A、B 两端的电压 U_{AB} 以及流过电阻 R4 的电流 I_{AB}，将数值记入表 3–2–1 中。

（4）比较测量值和计算值，验证是否符合戴维南定理。

（5）测量完毕，断开电源。

● **分析归纳**

从实验数据可知，任何有源二端网络都可以用一个等效电压源来代替，电压源的电动势等于有源二端网络的开路电压，其内阻等于有源二端网络内所有电源不起作用时，网络两端的等效电阻。

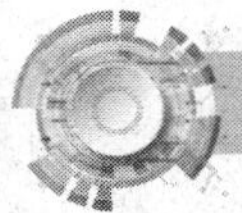

知识点 5　负载获得最大功率的条件

在一个闭合电路中，电源电动势与外电路电压降和内电路电压降有什么关系？电源电动势发出的功率与负载电阻消耗的功率和电源内阻消耗的功率有什么关系？在什么情况下，负载才能获得最大功率？

由全电路欧姆定律可得：

$$I=\frac{E}{R+r}$$

由电功率计算式可得：

$$P=I^2R=\left(\frac{E}{R+r}\right)^2R=\frac{RE^2}{(R+r)^2}$$

利用 $(R+r)^2=(R-r)^2+4Rr$，上式可写成：

$$P=\frac{E^2R}{(R-r)^2+4Rr}=\frac{E^2}{\frac{(R-r)^2}{R}+4r}$$

当 $R=r$ 时，上式分母值最小，P 值最大，所以负载获得最大功率的条件是负载电阻与电源的内阻相等，即 $R=r$，这时负载获得的最大功率为

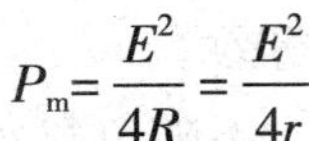

$$P_m=\frac{E^2}{4R}=\frac{E^2}{4r}$$

要点提示

（1）讨论电路输出最大功率的前提是电路处于正常的通路（有载）状态。

（2）根据全电路欧姆定律可知，电流随负载电阻的增大而减小，电源输出的端电压随负载电阻的增大而增大，所以电源输送给负载的功率 $P=UI$ 也随负载电阻而变化。

（3）当负载电阻小于电源内阻时，电源输出功率随负载电阻的增大而增大；当负载电阻大于电源内阻时，电源输出功率随负载电阻的增大而减小；当负载电阻等于电源内阻时，电源输出功率最大，其值为 $P_m=\frac{E^2}{4r}$。

（4）负载获得最大功率的条件不仅适用于实际电源，而且适用于有源二端网络变换而来的等效电压源。这时，负载获得最大功率的条件是指负载电阻与等效电压源的内阻相等。

例如，在教材例 3–8 中，R2 获得最大功率的条件是 $R_2=r_0=5\ \Omega$（等效电压源内阻），而不是 $R_2=r=10\ \Omega$（原电源内阻）。

（5）当负载电阻与电源内阻相等时，称为电源与负载匹配，这时负载获得最大功率，但电源的效率并不高，只有 50%。

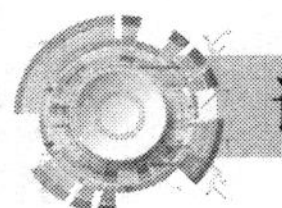

课题小结

（1）恒压源的内阻为________，恒流源的内阻为________。

（2）一个实际电压源用一个恒压源与内阻________（串 / 并）联表示，一个实际电流源用一个恒流源与内阻________（串 / 并）联表示。

（3）电压源变换为电流源时，I_S=________，内阻 r 值不变，但要将其改为________（串 / 并）联；电流源变换为电压源时，E=________，内阻 r 值不变，但要将其改为________（串 / 并）联。

（4）戴维南定理指出：任何一个有源二端网络都可以用一个等效电压源来代替，电压源的电动势等于有源二端网络的________电压，其内阻等于____。

（5）负载电阻与电源内阻相等，即 $R=r$ 时，负载获得最大功率，P_m=________。

五、自我检测

1．判断题

（1）内阻为零的电源是理想电源。　　　（　　）

（2）理想电压源与理想电流源可以等效变换。　　　（　　）

（3）电源等效变换仅对电源内部等效。（　　）

（4）恒压源输出的电压是恒定的，不随负载变化。（　　）

2．选择题

（1）一有源二端网络，测得其开路电压为 100 V，短路电流为 10 A，当外接 10 Ω 负载时，负载电流为（　　）A。

A. 5　　B. 10　　C. 20

（2）某直流电源在端部短路时，消耗在内阻上的功率是 400 W，则该电源能供给外电路的最大功率是（　　）W。

A. 100　　B. 200　　C. 400

（3）若某电源的开路电压为 120 V，短路电流为 2 A，则负载从该电源获得的最大功率是（　　）W。

A. 240　　B. 60　　C. 600

（4）图 3-2-11 所示有源二端网络的等效电阻 R_{AB} 为（　　）kΩ。

A. 1/2　　B. 1/3　　C. 3

（5）在图 3-2-12 所示电路中，当 *A*、*B* 间接入的电阻为（　　）Ω 时，该电阻将获得最大功率。

A. 4　　B. 7　　C. 8

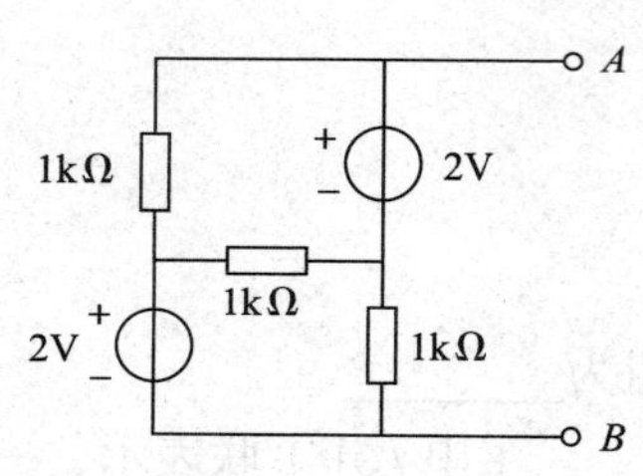

图 3-2-11

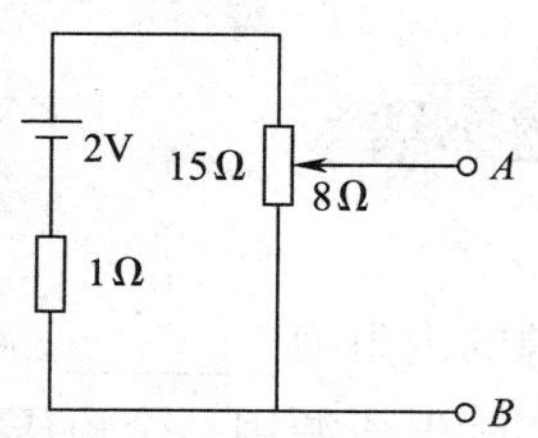

图 3-2-12

3．计算题

（1）将图 3-2-13 所示的电压源等效变换成电流源。

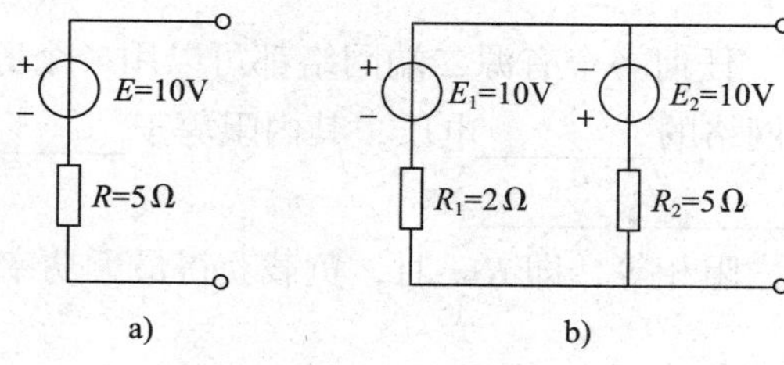

图 3-2-13

（2）将图 3-2-14 所示的电流源等效变换成电压源。

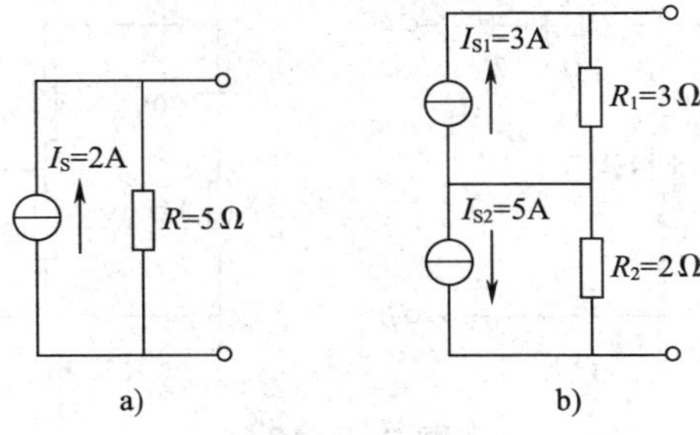

图 3-2-14

（3）用电源等效变换的方法，求图 3-2-15 所示电路中的 U 和 I。

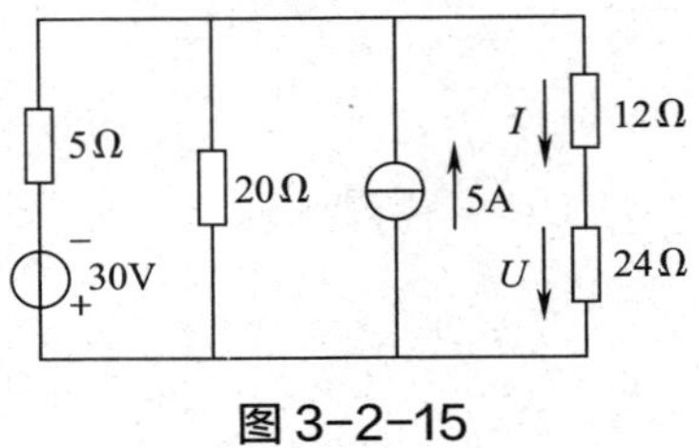

图 3-2-15

（4）求图 3-2-16 所示电路中有源二端网络的等效电压源。

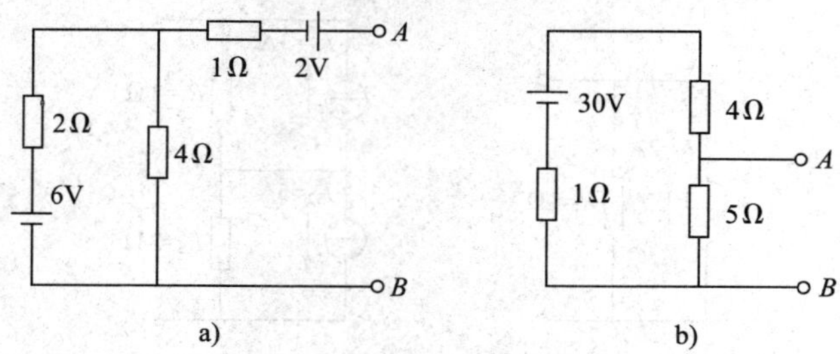

图 3-2-16

（5）在图 3-2-17 所示电路中，已知 E_1=12 V，E_2=15 V，电源内阻不计，R_1=6 Ω，R_2=3 Ω，R_3=2 Ω，试用戴维南定理求流过 R3 的电流 I_3 及 R3 两端的电压 U_3。

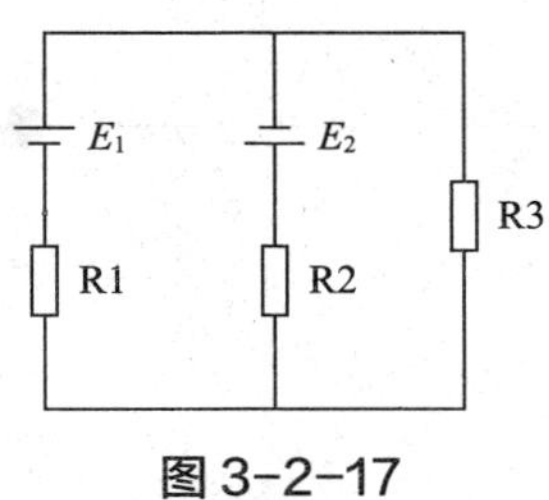

图 3-2-17

课题三　叠加原理

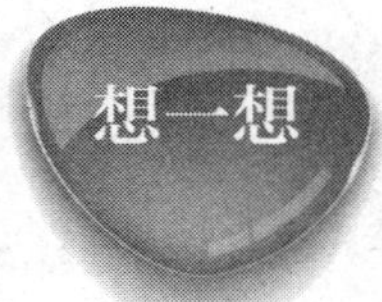

一个多电源电路可以分解为几个单电源电路分别计算吗？怎样得到这些电源共同作用的结果呢？

一、学习目标

完成本课题的学习后，应能够：

1. 了解叠加原理的内容及适用条件。
2. 应用叠加原理分析计算简单的多电源电路。

二、重点难点

重点：叠加原理的解题步骤。

难点：叠加原理在电路分析中的实际应用。

三、知识结构

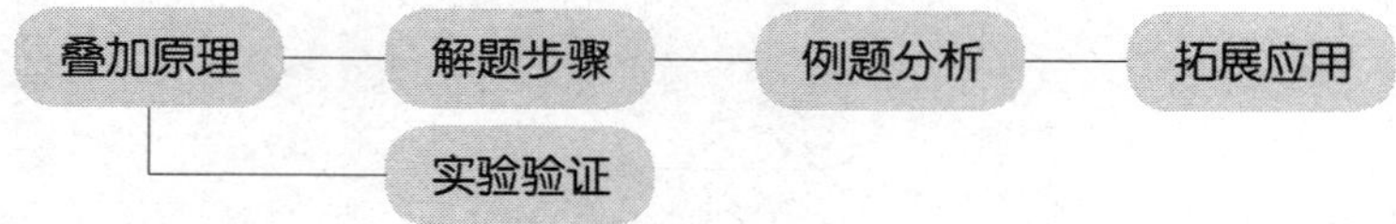

四、学练过程

叠加原理的内容

解含有几个电源的复杂电路时，可将其分解为几个单电源电路来研究，然后将计算结果叠加，求得原电路的实际电流、电压。

课堂练习

（1）基尔霍夫第二定律的表达式为$\sum E=\sum IR$，其物理意义为____。

（2）根据上式可写出教材图 3–38a 所示电路电流的计算式为：

$I=$____________________________

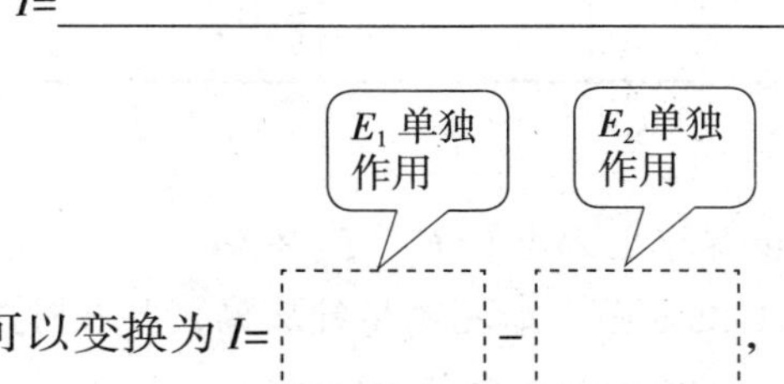

以上电流计算式可以变换为 $I=$ [　　] – [　　]，该式可以分解为 E_1 和 E_2 单独作用的两个简单电路。

动手做

验证叠加原理

● **实验器材**

直流稳压电源 2 台，电阻 3 个（30 Ω、20 Ω、10 Ω 各 1 个），直流电流表（0~200 mA）3 个，单刀双掷开关 1 个等。

● **实验过程**

（1）按图 3–3–1 连接电路，调节直流稳压电源，使 E_1=4.5 V，E_2=3 V。

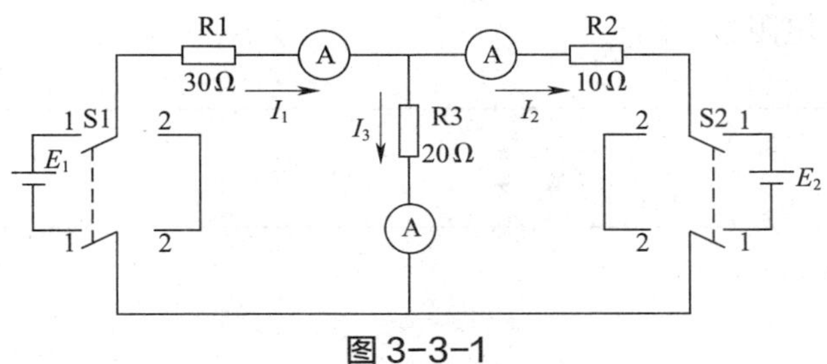

图 3–3–1

（2）将开关 S1 合到 1—1，S2 合到 2—2，让电源 E_1 单独作用，E_2 不作用。测量各支路电流 I_1、I_2、I_3，并记录在表 3–3–1 中。

（3）将开关 S1 合到 2—2，S2 合到 1—1，让电源 E_2 单独作用，E_1 不作用。测量各支路电流 I_1、I_2、I_3，并记录在表 3–3–1 中。

（4）将开关 S1、S2 都合到 1—1，让电源 E_1、E_2 同时作用。测量各支路电流 I_1、I_2、I_3，并记录在表 3–3–1 中。

（5）测量完毕，将开关 S1 合到 2—2，开关 S2 合到 2—2，断开电源。

表3-3-1　　mA

各支路电流	E_1 单独作用		E_2 单独作用		E_1、E_2 同时作用	
	测量值	计算值	测量值	计算值	测量值	计算值
I_1						
I_2						
I_3						

● **注意事项**

（1）在电路改接过程中，要保证电源电压 E_1、E_2 不变。

（2）测量过程中，要注意电流方向，如发现指针反偏，要及时断开电源并改接。如遇实际电流方向与参考方向相反，则电流记为负值。

● **分析归纳**

由实验数据可知，两个电源共同作用时各支路电流与两个电源单独作用时各支路电流的代数和相等。

由此可得启示：求解含有几个电源的复杂电路时，可将其分解为几个简单电路求解，然后将计算结果叠加，求得原电路的实际电流、电压。这一原理称为叠加原理。

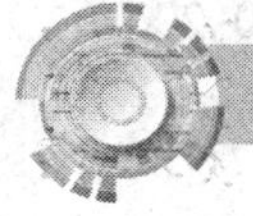

知识点 2　叠加原理的适用条件

叠加原理只适用于线性电路。

（1）什么是线性电阻？

____。

（2）什么是线性电路？

____。

要点提示

（1）应用叠加原理求解的关键是把几个电源共同作用的原电路分解为各个电源单独作用的简单电路，必须正确画出电路图。

（2）叠加原理只适用于线性电路，对非线性电路一般不适用。

（3）叠加原理只适用于计算线性电路中的电压和电流，不适用于计算功率。如：$P_3=R_3I_3^2=R_3（I_3'+I_3''）^2 \neq R_3I_3'^2+R_3I_3''^2$

（4）先计算各分电路中的电流或电压，再将各分电路中的电流或电压分量叠加（求代数和）。叠加前要规定总电路中电流（或电压）的参考方向，并规定各个独立电源单独作用时分电路中分电流（或分电压）的参考方向。若分电流（或分电压）的参考方向与总电路中电流（或电压）的参考方向一致，取正号；反之，取负号。

课堂练习

求图 3-3-2 所示电路中 R3 上消耗的电功率。

（1）作出 E_2 单独作用的分图。

标出各支路电流参考方向（选取方向与教材图中方向相同）。

计算：

I_1'=____；

I_2'=____；

I_3'=____。

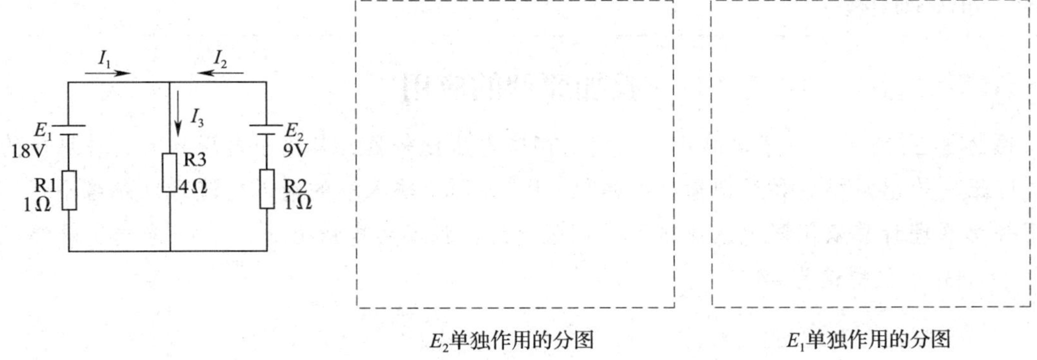

图 3-3-2

（2）作出 E_1 单独作用的分图。

标出各支路电流参考方向（选取方向与教材图中方向相同）。

计算：

I_1''=____；

I_2''=____；

I_3''=____。

（3）将各支路分电流叠加。

计算：

I_1=____；

I_2=____；

I_3=____。

（4）求电阻 R3 上消耗的电功率。

____。

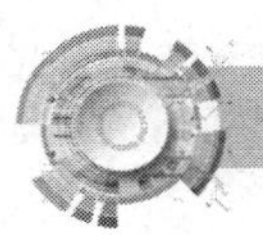

课题小结

（1）叠加原理的适用条件：只适用于________电路，即电路参数不随外加电压及通过其中的电流而变化的电路。

（2）叠加原理：求解________________的复杂电路时，可将其分解为几个单电源电路来研究，然后将计算结果叠加，求得原电路的实际电流、电压。

（3）叠加原理只能用来计算________和________，不能直接用于计算________。

知识拓展

叠加原理的应用

图 3–3–3a 所示为电子电路中常用的双门限电压比较器，其输出电压只有两种可能的数值，即正向输出限幅值和反向输出限幅值，P、N 两个输入端的输入电流可以忽略不计。试应用叠加原理计算双门限电压比较器的门限电压。设参考电压 U_R=2 V，正向输出限幅值为 4 V，反向输出限幅值为 –4 V。

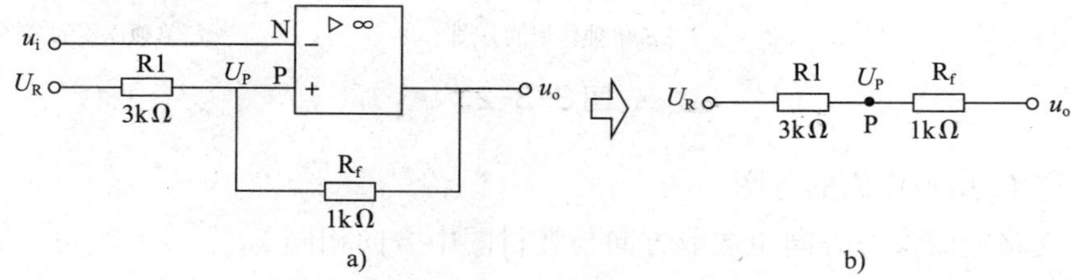

图 3–3–3

因为集成电路 P、N 两个输入端的输入电流可以忽略不计，所以可以把两个输入端近似看作开路，于是电路便可简化为如图 3–3–3b 所示。

解题步骤：

设 u_o 为零，U_R 单独作用时：

$$U'_P=\frac{R_f}{R_f+R_1}U_R$$

设 U_R 为零，u_o 单独作用时：

$$U''_P=\frac{R_1}{R_f+R_1}U_{om}$$

式中，U_{om} 为电压比较器输出限幅值。

实际应为 u_o 和 U_R 共同作用，所以：

$$U_P=U'_P+U''_P=\frac{R_f}{R_f+R_1}U_R+\frac{R_1}{R_f+R_1}U_{om}$$

当 U_R=2 V，U_{om}=4 V 时：

$$U_{P1}=\frac{R_f}{R_f+R_1}U_R+\frac{R_1}{R_f+R_1}U_{om}=\frac{1}{1+3}\times 2\text{ V}+\frac{3}{1+3}\times 4\text{ V}=3.5\text{ V}$$

当 U_R=2 V，U_{om}=−4 V 时：

$$U_{P2}=\frac{R_f}{R_f+R_1}U_R+\frac{R_1}{R_f+R_1}U_{om}=\frac{1}{1+3}\times 2\text{ V}+\frac{3}{1+3}\times(-4\text{ V})=-2.5\text{ V}$$

五、自我检测

1. 填空题

（1）叠加原理只适用于________电路，而且叠加原理只能用来计算________和________，不能直接用于计算________。

（2）在图 3-3-4 所示电路中，已知 E_1 单独作用时，通过 R1、R2、R3 的电流分别是 −4 A、2 A、−2 A，E_2 单独作用时，通过 R1、R2、R3 的电流分别是 3 A、2 A、5 A，则各支路电流 I_1=

________A，I_2=________A，I_3=________A。

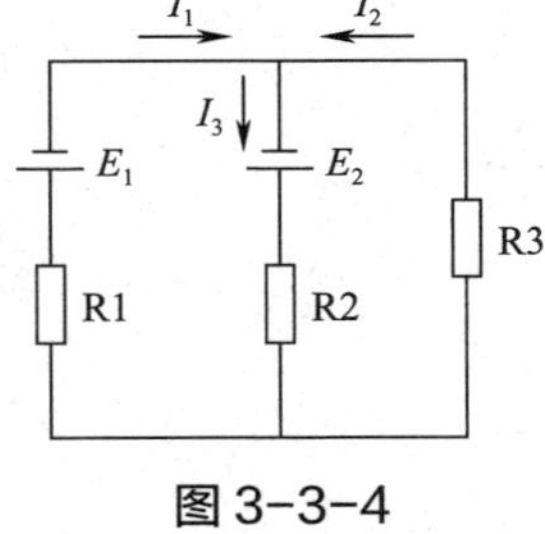

图 3-3-4

2. 计算题

（1）如图 3-3-5 所示，已知 $E_1=E_2$=17 V，R_1=2 Ω，R_2=1 Ω，R_3=5 Ω，试用叠加原理求各支路电流 I_1、I_2 和 I_3。

图 3-3-5

（2）电路如图 3–3–6 所示，已知电源电动势 E_1=48 V，E_2=32 V，电源内阻不计，电阻 R_1=4 Ω，R_2=6 Ω，R_3=16 Ω。试用叠加原理求通过 R1、R2、R3 的电流。

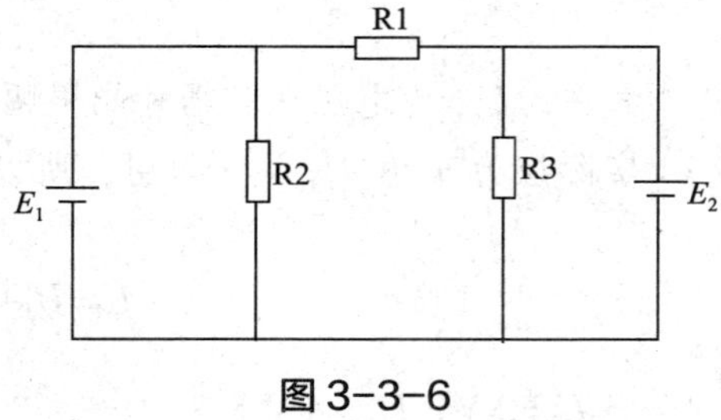

图 3–3–6

（3）在图 3–3–7 所示电路中，已知开关 S 打在位置 1 时，电流表读数为 3 A，则当开关 S 打在位置 2 时，电流表读数为多少？

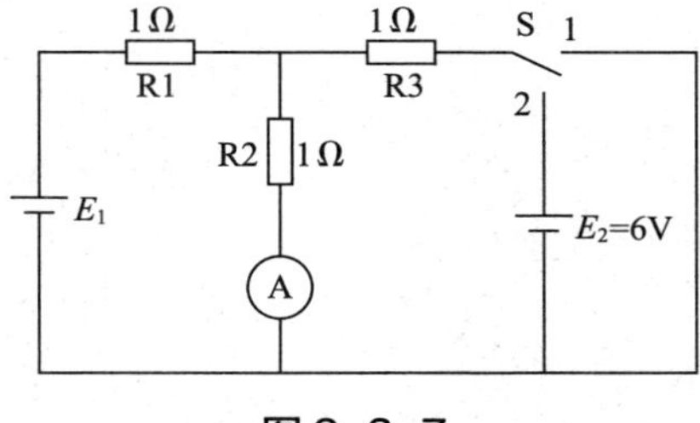

图 3–3–7

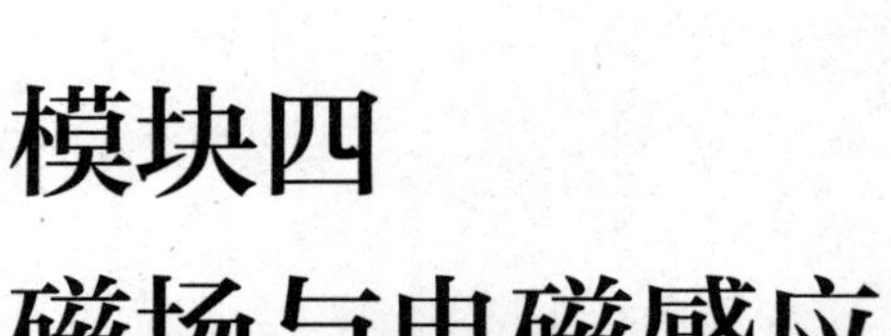

模块四
磁场与电磁感应

课题一　磁　场

磁悬浮列车为什么能在轨道上悬浮起来？为什么不用轮子，它也能高速运行？

一、学习目标

完成本课题的学习后，应能够：

1. 应用右手螺旋定则（安培定则）判断通电直导线和通电螺线管的磁场方向。
2. 理解磁感应强度、磁通、磁导率的概念。
3. 理解磁场对电流的作用力（电磁力），学会用左手定则判断电磁力的方向。
4. 了解磁场对通电线圈的作用及其应用。

二、重点难点

重点：（1）判断通电直导线和通电螺线管的磁场方向。

（2）判断通电直导线在磁场中的受力方向。

难点：建立磁感应强度的概念。

三、知识结构

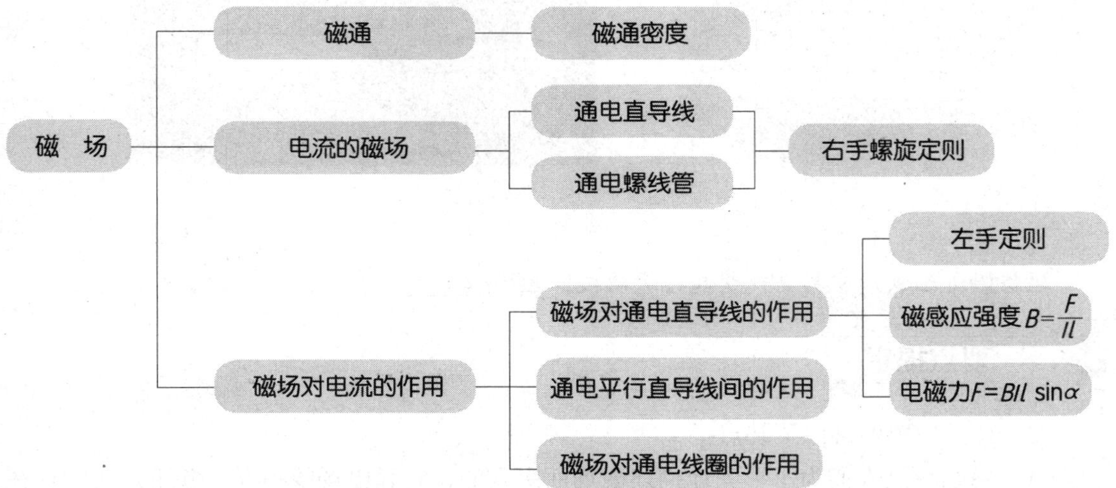

四、学练过程

磁场与磁感线

磁场是磁体周围的空间中存在的一种特殊的物质。磁感线是为了更方便地描述磁场而假想的一系列闭合曲线。

动手做

观察磁现象

● **实验器材**

蹄形磁铁 1 块，条形磁铁 1 块，细铁屑少许，玻璃板 1 块，小磁针若干等。

● **实验过程**

（1）观察小磁针静止时的指向。

小磁针静止时 N 极指向________，S 极指向________。

（2）观察磁极间的相互作用。

同名磁极相互________，异名磁极相互________。

（3）利用细铁屑在磁场作用下有规则的排列来模拟磁感线的形状。

1）磁铁应放在玻璃板下，细铁屑撒在玻璃板上，不可与磁铁直接接触，以免细铁屑粘到磁铁上。

2）按不同组别，分别用蹄形磁铁和条形磁铁进行实验。细铁屑分布情况如图 4–1–1 所示。

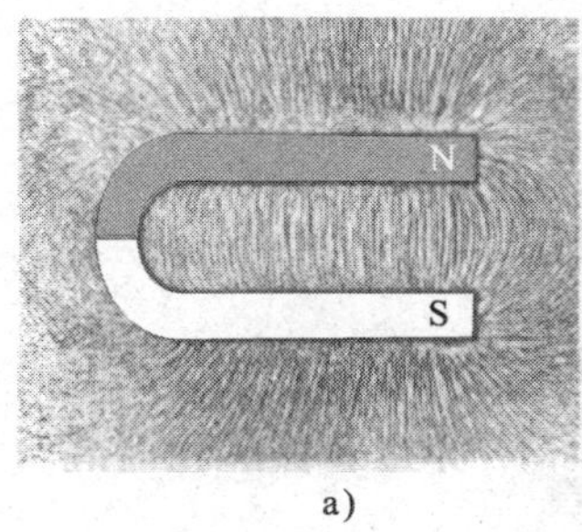

a)

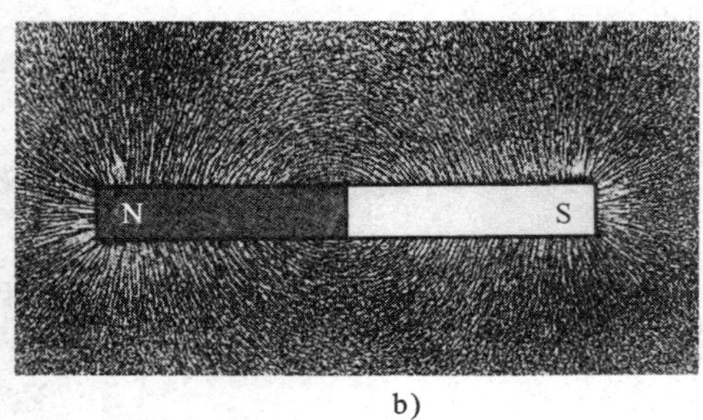

b)

图 4–1–1

磁极附近细铁屑密集，说明越接近磁极，磁场越________。

要点提示

关于磁感线要明确以下几点：

（1）磁感线是人们为了形象地描述磁场而引入的，它和电场线一样，并不是实际存在的；实验中，玻璃板上被磁化的细铁屑所模拟的只不过是一个平面上磁感线的分布情况，实际上磁铁周围的磁感线是分布在三维空间内的。

（2）磁感线上任一点的切线方向即该点的磁场方向（也就是小磁针放在该点时 N 极的指向），磁感线在空中不能相交，因为磁场中同一点不能有两个磁场方向。

（3）磁感线为闭合曲线，磁感线的方向在磁体外部由 N → S，在内部由 S → N，如图 4–1–2 所示。

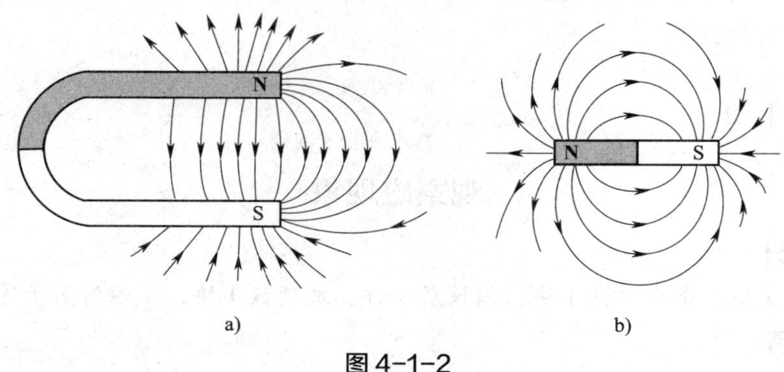

图 4–1–2

（4）磁通所反映的是磁场在某一面积内的分布和变化情况。磁场中某一面积内穿过的磁感线越多，磁场越强。

课堂讨论

（1）磁感线的方向总是由 N 极指向 S 极吗？为什么？

（2）结合图 4-1-3，分组讨论磁感线上的箭头方向是否一定和磁场方向相同。

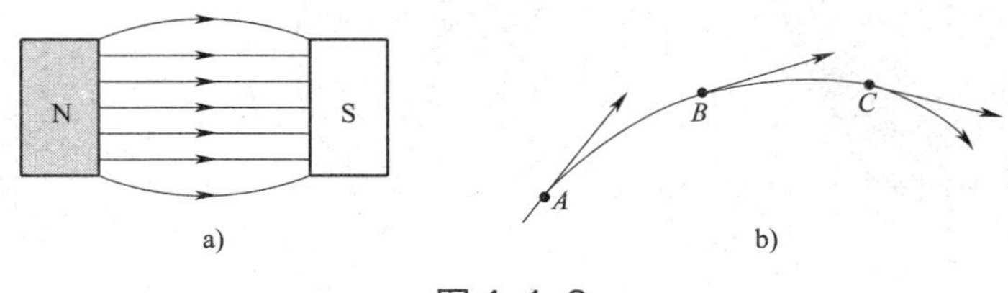

图 4-1-3

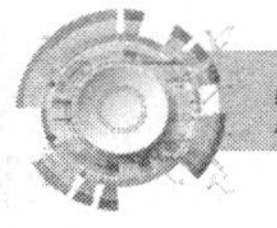

知识点 2　电流的磁场

（1）通电直导线的磁场。

动手做

观察通电直导线的磁场

● **实验器材**

通电直导线 1 根，小磁针 1 个等。

● **实验过程**

如图 4-1-4 所示，把小磁针放在通电直导线下方，改变电流方向，观察小磁针偏转情况，再用右手螺旋定则验证。

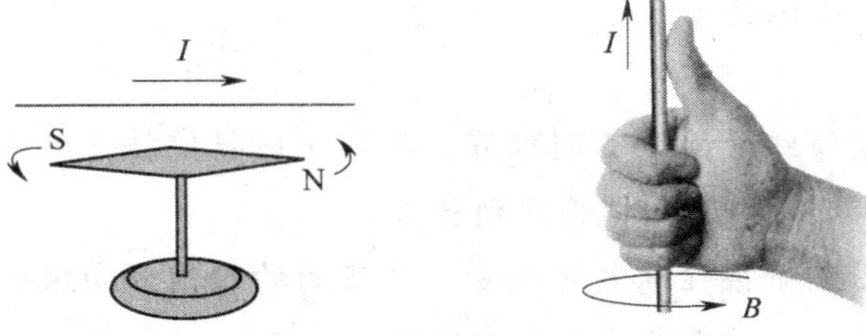

图 4-1-4

右手螺旋定则：用右手握住导线，让伸直的拇指所指的方向跟电流的方向一致，则弯曲的四指所指的方向就是磁感线的环绕方向。

通电直导线的磁场可有几种不同的画法，如图 4–1–5 所示。

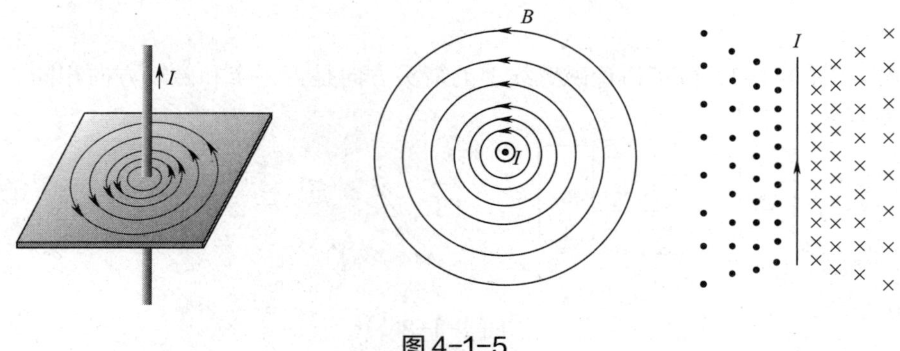

图 4–1–5

课堂练习

根据电流的方向，判断图 4–1–6 中小磁针的指向。

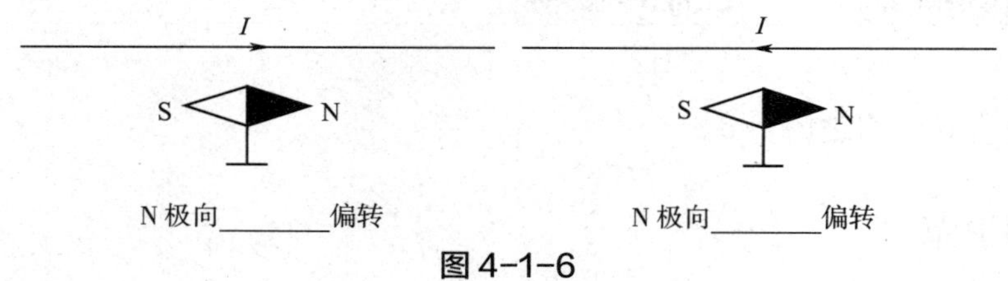

N 极向________偏转　　　　N 极向________偏转

图 4–1–6

（2）通电螺线管的磁场。

动手做

观察通电螺线管产生的磁场

● **实验器材**

通电螺线管 1 个，小磁针 1 个等。

● **实验过程**

把小磁针放在通电螺线管附近不同位置，观察小磁针偏转情况。改变电源极性后，再观察小磁针偏转情况。然后用右手螺旋定则验证。

右手螺旋定则：用右手握住通电螺线管，让弯曲的四指方向跟电流方向一致，则拇指所指的方向就是螺线管内部磁感线的方向（见图 4–1–7）。

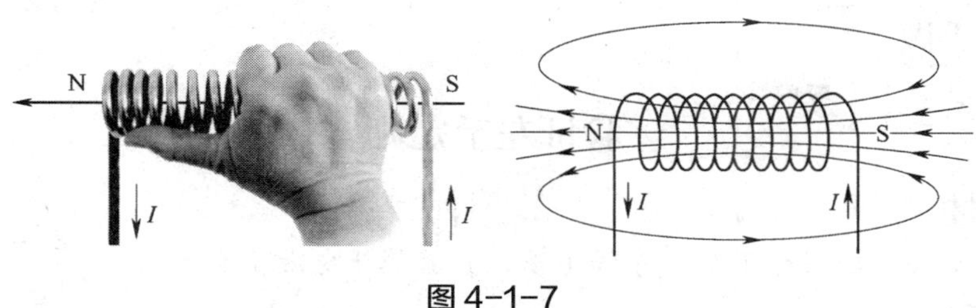

图 4-1-7

要点提示

（1）通电螺线管相当于一根条形磁铁，两端分别为 N 极和 S 极；通电螺线管内是均匀磁场，磁场方向由 S → N。

（2）环形电流的磁场可看作通电螺线管只有 1 匝的特殊情况。

课堂练习

（1）根据图 4-1-8 中小磁针指向，运用右手螺旋定则可以判断出通电直导线中电流方向为由________到________。

（2）环形电流相当于 1 匝通电螺线管，运用右手螺旋定则可以判断出图 4-1-9 中磁针 N 极转向________。

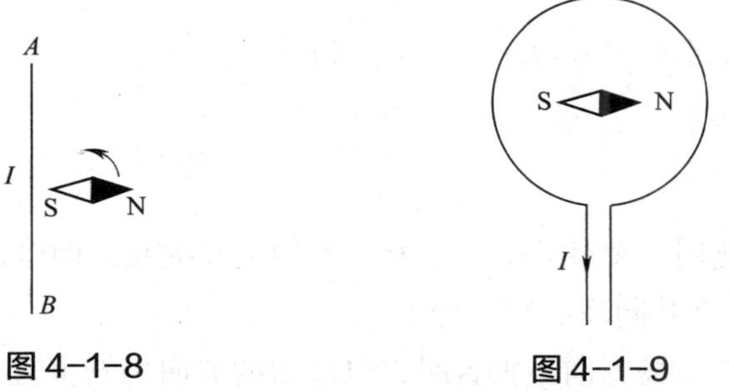

图 4-1-8　　图 4-1-9

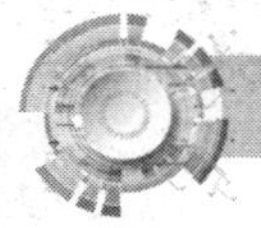

知识点 3　磁场对通电直导线的作用（左手定则）

左手定则：平伸左手，使拇指与其余四个手指垂直，并且都与手掌在同一平面内，让磁感线垂直穿入掌心，并使四指指向电流的方向，则拇指所指的方向就是通电直导线所受电磁力的方向。

动手做

验证左手定则

● **实验器材**

蹄形磁铁 1 块，铁架台 1 个，导线 1 根，直流稳压电源 1 台等。

● **实验过程**

（1）按图 4-1-10 连接线路，观察导线受力方向。

（2）上下交换磁极位置，以改变磁场方向，观察导线受力方向，与原来方向相________。

（3）改变导线中电流方向，观察导线受力方向，与原来方向相________。

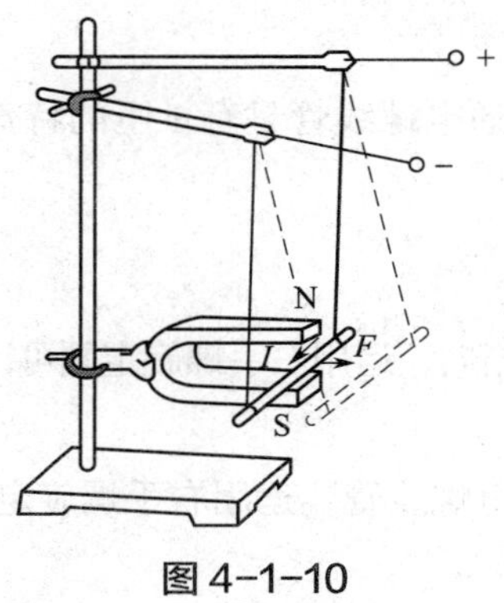

图 4-1-10

● **分析归纳**

实验所示方向与左手定则所判断方向完全相同。

要点提示

（1）使用左手定则时，要注意 F、I、B 三者的空间关系，即电磁力 F 的方向始终垂直于电流 I 和磁感应强度 B 共同确定的平面。

（2）当电流方向与磁场方向不垂直时，电磁力的方向仍然垂直于磁场方向与电流方向所决定的平面，仍可用左手定则判断电磁力方向，只是磁感线不再垂直穿过掌心。

（3）对于 F、I、B 三个物理量，如果已知其中两个物理量的方向，应用左手定则便可判断第三个物理量的方向。

课堂练习

判断图 4-1-11 中导线受力方向，并用实验验证结果是否正确。

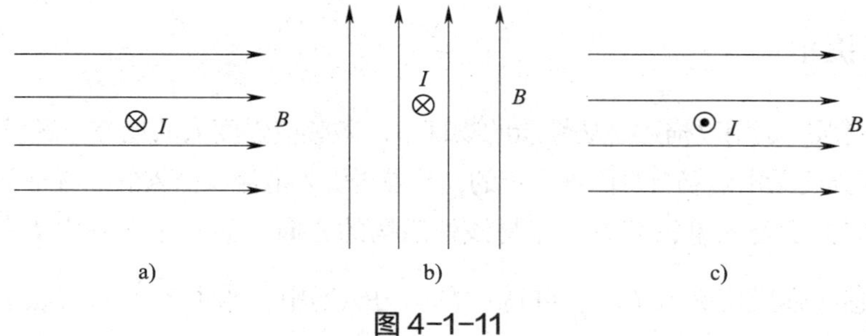

图 4-1-11

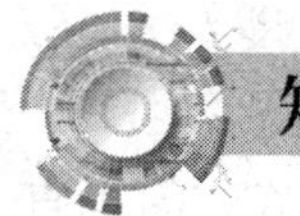

知识点 4　电磁力与磁感应强度

在磁场中，垂直于磁场方向的通电导线所受电磁力 F 与电流 I 和导线长度 l 的乘积 Il 的比值称为该处的磁感应强度，用 B 表示，即 $B=\dfrac{F}{Il}$。

动手做

探究电磁力的大小受哪些因素的影响

● **实验器材**

蹄形磁铁 3 块，铁架台 1 个，直流稳压电源 1 台，开关若干，导线若干等。

● **实验过程**

（1）如图 4-1-12 所示，保持导线通电部分的长度不变，改变电流的大小，观察现象。当电流方向与磁感线方向垂直时，增大电流，导线摆动角度________，反之，________。

（2）保持电流不变，分别采用 1 块、2 块、3 块蹄形磁铁，即增大通电导线的长度，观察现象。导线摆动角度随通电导线长度的增大而________，反之，________。

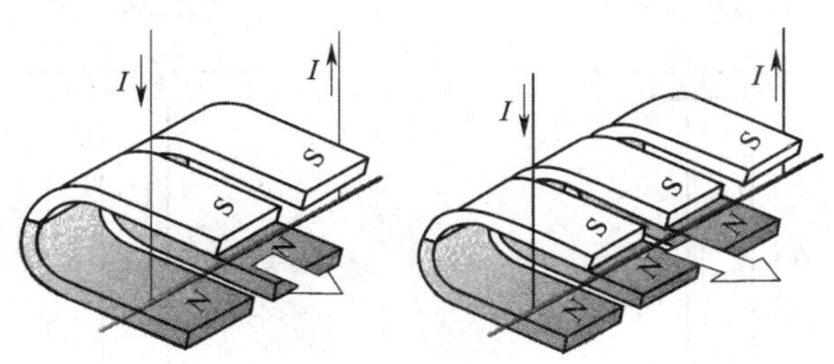

图 4-1-12

● **分析归纳**

当通电导线与磁场方向垂直时，导线所受电磁力的大小既与导线中的电流 I 成正比，也与通电导线的长度 l 成正比，即与 I 和 l 的乘积 Il 成正比。

由此引出磁感应强度的概念和电磁力的计算式。

要点提示

（1）磁感应强度是用以描述磁场性质的物理量，磁感应强度大的地方，磁场就强，否则磁场就弱。磁感应强度是由磁场自身因素决定的，与是否引入电流及引入的电流是否受力无关。

（2）磁感应强度是矢量，其方向就是该处磁场的方向，而不是电磁力 F 的方向。

（3）由磁感应强度定义式 $B=\dfrac{F}{Il}$ 可得：在均匀磁场中，当电流方向与磁场方向垂直时，通电导线所受的电磁力等于磁感应强度 B、电流 I 和导线长度 l 三者的乘积，即 $F=BIl$。当电流方向与磁场方向不垂直，并有一夹角 α 时，通电导线的有效长度为 $l\sin\alpha$，即 l 在与磁场方向相垂直方向上的投影，电磁力计算式变为 $F=BIl\sin\alpha$。

（4）对于计算式 $F=BIl\sin\alpha$ 还可从另一角度来理解。将磁感应强度沿与电流方向垂直和平行两个方向分解，其平行分量对电流没有力的作用，只有垂直分量对电流有力的作用。磁感应强度的垂直分量（即有效分量）为 $B\sin\alpha$，同样可得 $F=BIl\sin\alpha$。

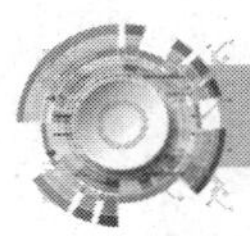

知识点 5　通电平行直导线间的作用

要点提示

（1）两根同向通电直导线间相互吸引。

如图 4–1–13 所示，先用右手螺旋定则判断 I_1 周围磁场的磁感线分布，再用左手定则即可判断出电流 I_2 受 I_1 磁场电磁力的方向水平向左。同理，可判断电流 I_1 受 I_2 磁场电磁力的方向水平向右。由此可知，两根同向通电直导线间相互吸引。

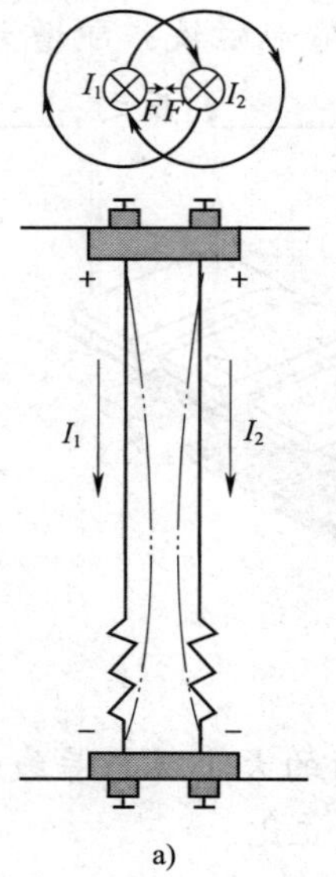

a)

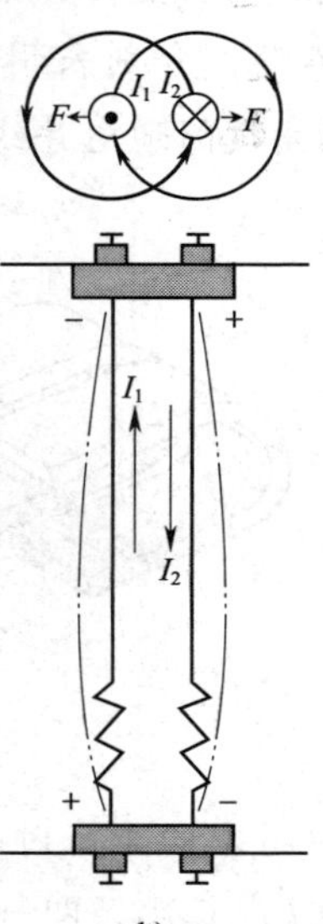

b)

图 4–1–13

（2）应用同样的方法，可判断两根异向通电直导线相互排斥。

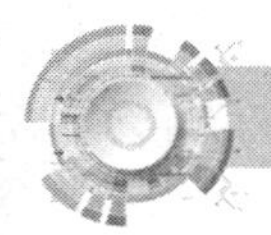

知识点 6 磁场对通电线圈的作用

将通电线圈放入磁场中，线圈就受到电磁力的作用。当线圈平面与磁感线平行时，线圈受到的转矩最大。当线圈平面与磁感线垂直时，电磁转矩为零。

观察直流电动机工作情况，了解换向器与电刷的作用。

要点提示

（1）磁铁是固定不动的，称为定子。线圈的两端分别接在换向器上，线圈和铁芯及换向器一齐转动，称为转子。电刷也是固定不动的。在图 4–1–14 所示的瞬间，直流电流从电源的正极→电刷 B→左换向器→线圈→右换向器→电刷 A→电源的负极。

（2）有刷直流电动机的缺点：换向时产生的火花最终会造成电刷与换向器间接触不良，这既限制了直流电动机的极限容量，也增加了维护的工作量。

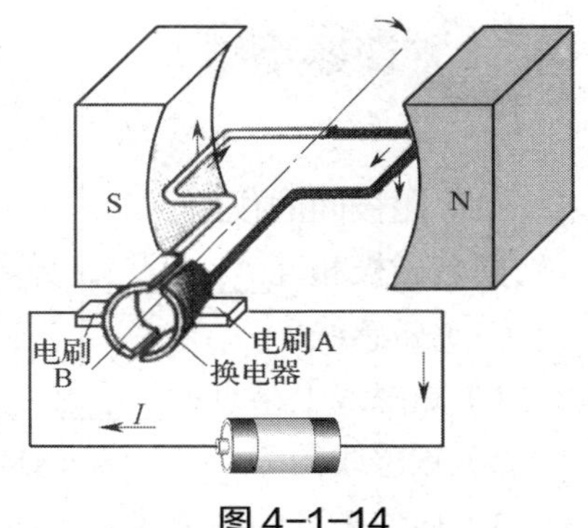

图 4–1–14

产生电磁力的条件是磁场中的导体必须先通电，然后才受力。就像电动机一样，也必须先通电，才能产生力矩。因此，左手定则又称电动机定则。

课堂练习

（1）当线圈平面与磁感线垂直时，电磁转矩为零，其原因是什么？

（2）观察图 4–1–15 所示磁电系仪表的结构，了解其主要构件，其中________是固定的，________是可动的。

（3）按图 4–1–16 所示输入电流，指针________偏；若改变线圈中电流的方向，则指针________偏。

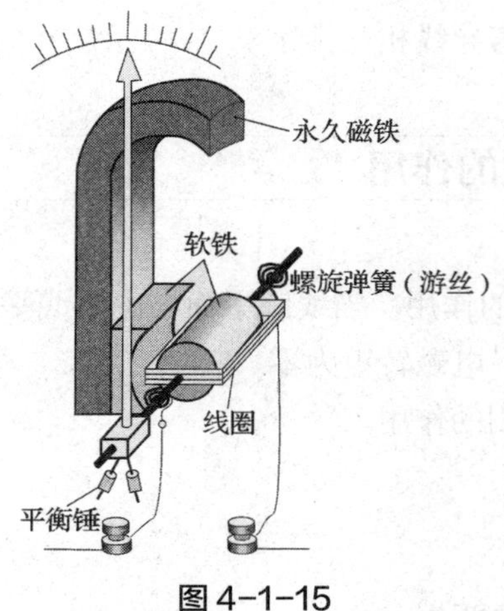

图 4-1-15

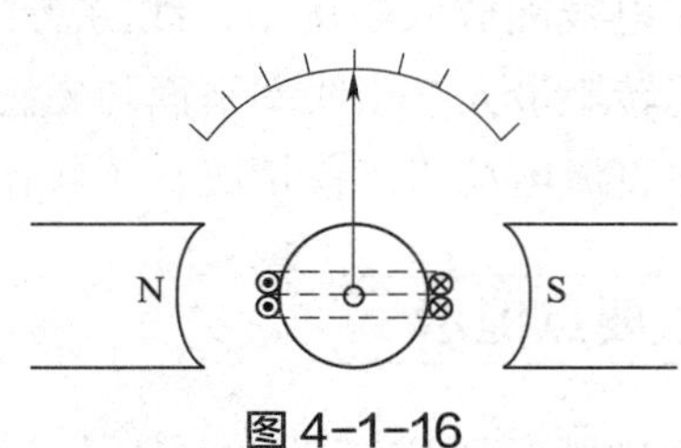

图 4-1-16

课题小结

（1）磁极间的作用。

同名磁极相互________，异名磁极相互________。

（2）磁感线。

1）磁感线上某点的________方向与该点的磁场方向相同。

2）磁感线的________表示磁场的强弱。

3）均匀磁场的磁感线是一些____________、____________的平行直线。

（3）电流的磁场。

1）通电直导线的磁场
2）通电螺线管的磁场 } 用____________定则判断磁场方向。

（4）磁场对电流的作用力。

磁场对通电直导线的作用力称为____________。

电磁力的方向用____________定则判定。电磁力的大小：F=____________，其中 α 为电流方向与磁场方向之间的夹角。

（5）磁通 Φ。

穿过与____________垂直的某一平面的磁感线的数量称为磁通量，简称磁通，磁通的单位为 Wb（韦）。

引入磁感应强度 B 的概念后，磁通 Φ 可定义为在均匀磁场中，取一个与磁场方向垂直的平面，其磁感应强度与平面面积 S 的乘积，称为穿过这个平面的磁通，即

$$\Phi=BS$$

（6）磁感应强度 B。

1）定义：在磁场中垂直于磁场方向的通电导线，受到的磁场的作用力 F 与电流 I 和导线长度 l 的乘积 Il 的比值称为通电导线在该处的磁感应强度，即

$$B=\frac{F}{Il}$$

2）方向：磁场中某点磁感应强度的方向（即磁场方向）为小磁针放在该点处静止时________所指的方向。

五、自我检测

1. 填空题

（1）当两个磁极靠近时，它们之间会产生相互作用力：同名磁极相互________，异名磁极相互________。

（2）磁感线的方向定义为在磁体外部由________指向________，在磁体内部由________指向________。磁感线是________曲线。

（3）磁感线上任意一点的________方向，就是该点磁场的方向，也就是放在该点的磁针________极所指的方向。

（4）通常把通电导线在磁场中受到的力称为________，通电直导线在磁场内的受力方向可用________定则来判断。

（5）把一段通电导线放入磁场中，当电流方向与磁场方向________时，导线所受的电磁力最大；当电流方向与磁场方向________时，导线所受的电磁力最小。

（6）描述磁场在空间某一范围内分布情况的物理量称为________，用符号________表示，单位为________；描述磁场中各点磁场强弱和方向的物理量称为____________，用符号________表示，单位为________。在均匀磁场中，这两者的关系可用公式________表示。

（7）两根相距较近且相互平行的直导线，当通以相同方向的电流时，它们________；当通以相反方向的电流时，它们________。

（8）在均匀磁场中放入一个线圈，当线圈平面与磁感线平行时，线圈所受的转矩________；当线圈平面与磁感线垂直时，线圈所受的转矩________。

2. 判断题

（1）每个磁体都有两个磁极，一个称为N极，另一个称为S极，若把磁体断成两段，则一段为N极，另一段为S极。（　　）

（2）磁场的方向总是由N极指向S极。（　　）

（3）磁场总是由电流产生的。（　　）

（4）由于磁感线能形象地描述磁场的强弱和方向，所以它存在于磁极周围的空间中。（　　）

（5）穿过某一截面积的磁感线数称为磁通，也称磁通密度。（　　）

（6）如果通过某一截面的磁通为零，则该截面的磁感应强度也为零。（　　）

3. 选择题

（1）条形磁铁中，磁性最强的部位在（　　）。

A. 中间　　B. 两极　　C. 整体

（2）磁感线上任一点的（　　）方向，就是该点的磁场方向。

A. 指向 N 极　　B. 切线　　C. 直线

（3）关于电流的磁场，说法正确的是（　　）。

A. 直导线电流的磁场，只分布在垂直于直导线的某一平面上

B. 直导线电流的磁场是一些同心圆，距离直导线越远，磁感线越密

C. 直导线电流、环形电流的磁场方向都可用安培定则判断

（4）在均匀磁场中，原载流导线所受电磁力为 F，若电流强度增加到原来的 2 倍，而载流导线的长度减小一半，则载流导线所受的电磁力为（　　）。

A. $2F$　　B. F　　C. $F/2$　　D. $4F$

（5）将通电矩形线圈用线吊住并放入磁场，使线圈平面垂直于磁场，则线圈将（　　）。

A. 转动　　B. 向左或向右移动　　C. 不动

（6）在图 4–1–17 中，通电导线的受力情况为（　　）。

A. 受力向上　　B. 受力向下　　C. 受力向右　　D. 受力向左

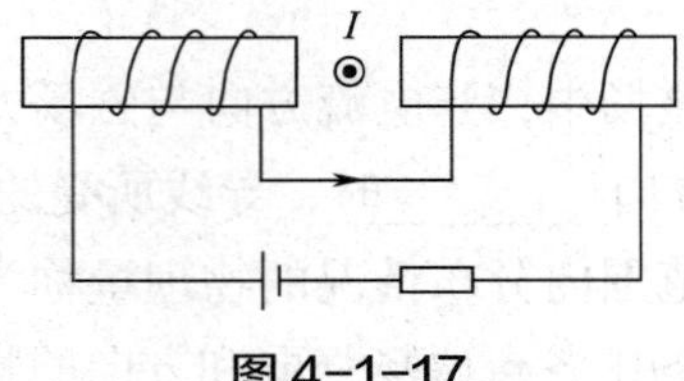

图 4–1–17

4. 综合分析题

（1）有两位同学，各自在一铁棒上绕一些导线制成电磁铁，通电时电流都是从右端流入，从左端流出。但甲同学制成的电磁铁，左端是 N 极，右端是 S 极；而乙同学制成的电磁铁，恰好左端是 S 极，右端是 N 极。那么，他们各自是怎样绕导线的，请用简图表示出来。

（2）判断图 4–1–18 中各小磁针的偏转方向。

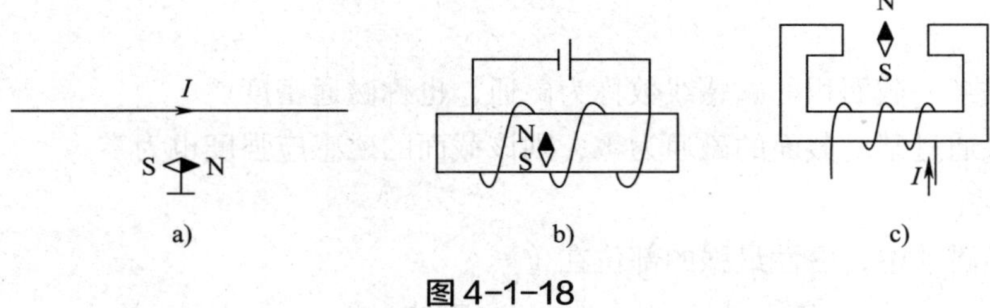

图 4–1–18

（3）标出图 4–1–19 中电流或力的方向。

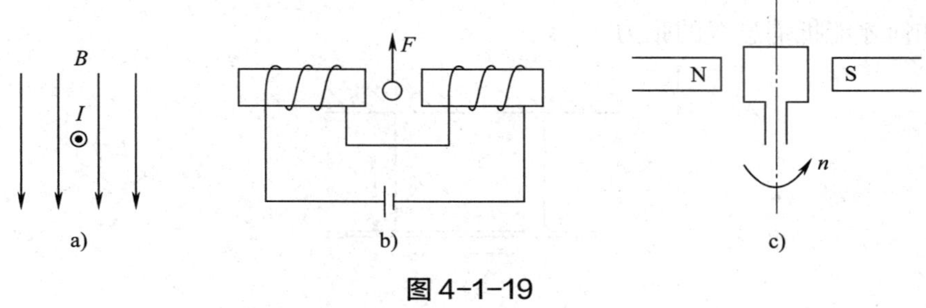

图 4–1–19

（4）欲使通电导线所受电磁力的方向如图 4–1–20 所示，应如何连接电源？

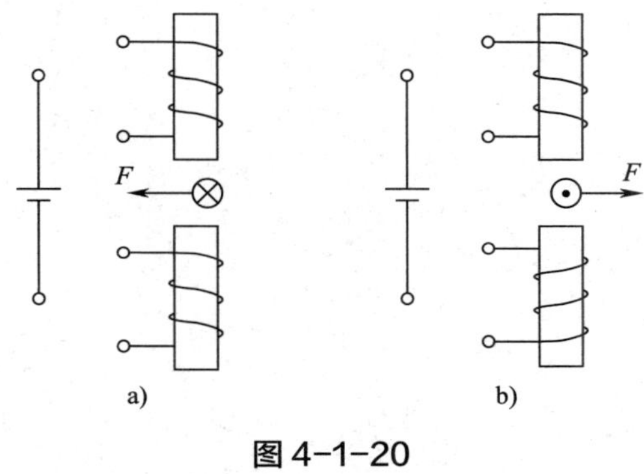

图 4–1–20

5. 计算题

（1）把一根通有 4 A 电流，长 30 cm 的导线放在均匀磁场中，当导线和磁感线垂直时，测得所受电磁力是 0.06 N。求：

1）磁场的磁感应强度。

2）导线和磁场方向的夹角为 30° 时，导线所受到的电磁力。

（2）如图 4–1–21 所示，有一根导线长为 0.4 m，质量为 0.02 kg，用两根柔软的细线悬在均匀磁场中，当导线中通以 2 A 电流（方向如图所示）时，磁场的磁感应强度为多大？磁场方向如何才能抵消悬线的张力？

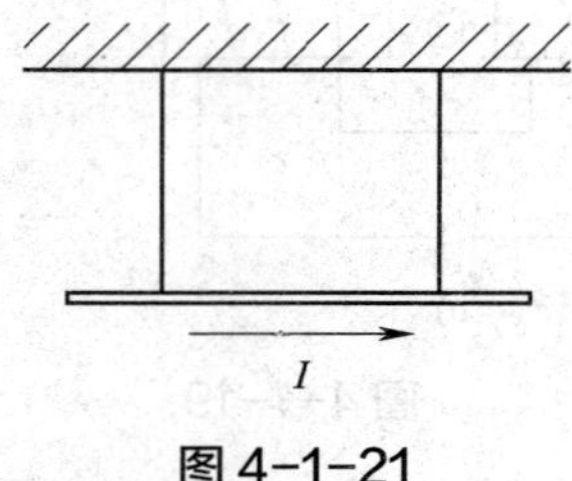

图 4–1–21

课题二　电 磁 感 应

既然电动机可以将电能转变为机械能，那么机械能也可以转变为电能吗?

一、学习目标

完成本课题的学习后，应能够：

1. 理解感应电动势的概念，学会用右手定则判断感应电动势的方向。
2. 掌握楞次定律及其分析方法，理解法拉第电磁感应定律。

二、重点难点

重点：理解电磁感应产生的条件，了解电磁感应现象的应用。

难点：对楞次定律和法拉第电磁感应定律的理解和应用。

三、知识结构

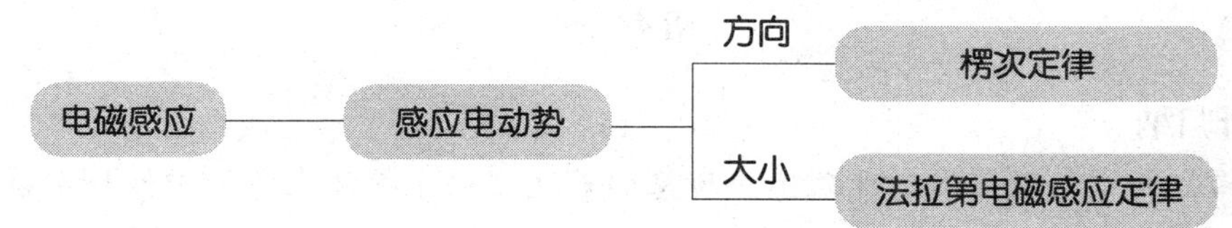

四、学练过程

知识点 1　电磁感应现象

利用磁场产生电流的现象称为电磁感应现象，产生的电流称为感应电流，产生感应电流的电动势称为感应电动势。

动手做

观察单个线圈的电磁感应现象

● **实验器材**

条形磁铁 1 块，多匝线圈 1 个，检流计 1 个等。

● **实验过程**

（1）如图 4–2–1 所示，将单个多匝线圈与检流计相连（因为检流计灵敏度较高，而且零位在中间，所以观察实验现象较为方便）。

（2）将条形磁铁放置在线圈中，当其静止时，检流计指针________（偏转 / 不偏转），表明线圈中________（有 / 无）感应电流。

（3）将条形磁铁从线圈中迅速拔出时，检流计指针________（偏转 / 不偏转），表明线圈中________（有 / 无）感应电流。

（4）将条形磁铁迅速插入线圈时，检流计指针________（偏转 / 不偏转），表明线圈中________（有 / 无）感应电流。

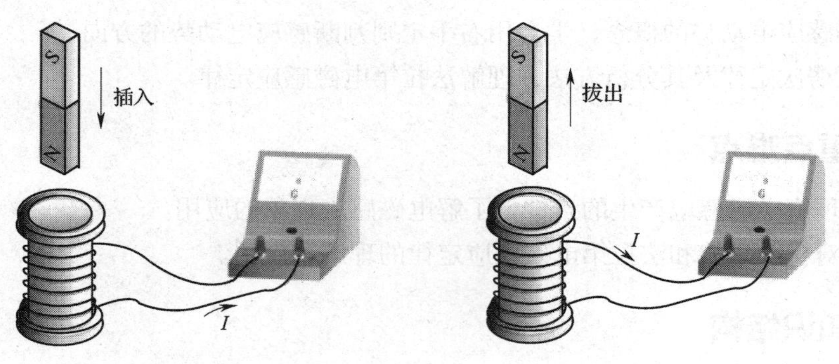

图 4–2–1

● **分析归纳**

（1）回忆初中物理课本对电磁感应现象的表述：由于导体在磁场中做切割磁感线运动而产生电流的现象称为电磁感应现象。那么，在上述实验中，当磁铁插入或拔出线圈时，导体与磁场之间有没有产生相对运动呢？显然是有的，因为磁铁插入或拔出线圈就相当于线圈“切割”磁铁的磁感线。

（2）由于在磁铁的磁极附近磁感线最密，所以当磁极靠近线圈时，线圈中磁通增大；当磁极离开线圈时，线圈中磁通减少。

● **实验结论**

闭合线圈中产生感应电流，是由于穿过这一线圈的磁通发生了变化。

动手做

观察两个线圈间的电磁感应现象

● **实验器材**

多匝线圈 2 个（可以嵌套），检流计 1 个，开关 1 个，滑动变阻器 1 个，直流稳压电源 1 台等。

● **实验过程**

如图 4-2-2 所示，将 B 线圈放置在 A 线圈中，A 线圈外接检流计，B 线圈外接滑动变阻器、开关和电源。观察在表 4-2-1 所列情况下线圈 A 中是否有电流产生。

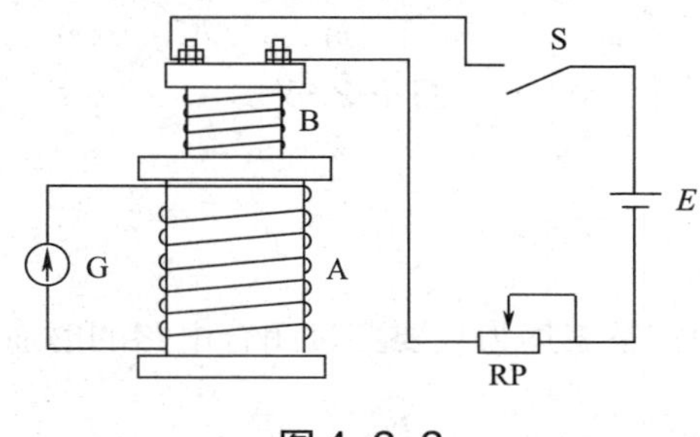

图 4-2-2

表 4-2-1

实验操作	线圈 A 中是否有电流
开关闭合瞬间	
开关断开瞬间	
开关闭合时，滑动变阻器不动	
开关闭合时，快速移动滑动变阻器的滑片	

● **分析归纳**

实验中，两个套在一起的线圈之间互不接触，也没有切割磁感线的相对运动。但是在开关接通或断开的瞬间，B 线圈中电流迅速变化，产生的磁场强弱迅速变化，又由于 A 线圈与 B 线圈套在一起，所以通过线圈 A 的磁通量也在迅速变化。这种情况下线圈 A 中便产生了感应电流。（这两个线圈间的电磁感应现象，实际上就是将在下一课题中讨论的“互感现象”。）

课堂练习

（1）如图 4-2-3a 所示，当导线框从外部水平移入磁场时，导线框中的磁通________，所以导线框中________（有 / 无）感应电流。

（2）如图 4-2-3b 所示，保持导线框平面始终与磁感线垂直，导线框在磁场中上下运动，导线框中磁通________，所以导线框中________（有 / 无）感应电流。

（3）如图 4-2-3c 所示，导线框在磁场中转动（左边向上，右边向下），则导线框中磁通________，所以导线框中________（有 / 无）感应电流。

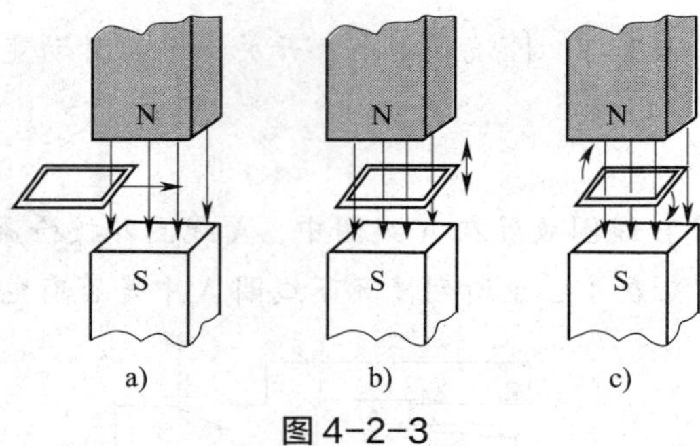

图 4-2-3

要点提示

产生感应电流的条件的完整表述为只要穿过闭合电路的磁通发生变化，闭合电路中就有感应电流。

其条件可以归纳为两个：一个是对电路本身的要求，即电路必须是闭合电路。例如，前文中提到的导线框如果在某处断开，即使穿过导线框的磁通发生变化，电路中也不会产生感应电流。另一个是要求穿过闭合电路的磁通发生变化，这里要强调“变化”二字，如果穿过闭合电路的磁通尽管很大但不变化，那么不论磁通多大，也不会产生感应电流。能使穿过闭合电路的磁通发生变化，大致有以下几种情况：

（1）磁感应强度 B 不变，而闭合电路的面积 S 发生变化。

（2）闭合电路的面积 S 不变，但在均匀磁场中磁场方向和闭合电路所在平面的夹角发生变化。

（3）闭合电路的面积 S 不变，但闭合电路在非均匀磁场中位置变化，所在处 B 发生变化。

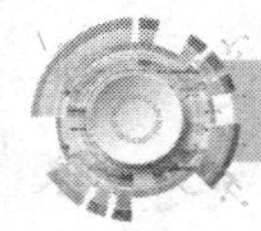

知识点 2　楞次定律

感应电流的磁场总要阻碍引起感应电流的磁通的变化。

动手做

验证楞次定律

● **实验器材**

条形磁铁 1 块，多匝线圈 1 个，检流计 1 个等。

● **实验过程**

（1）按图 4–2–1 连接电路。

（2）把条形磁铁的 N 极（或 S 极）插入（或拔出）线圈，观察检流计偏转方向并记录在表 4–2–2 中。

表 4–2–2

磁铁运动方向	N 极插入	N 极拔出	S 极插入	S 极拔出
磁铁磁场（$B_{原}$）方向	↓			
线圈磁通（Φ）变化	增大			
感应电流磁场（$B_{感}$）方向	↑			

● **分析归纳**

由实验可知，当磁铁插入时，线圈中感应电流磁场方向与磁铁磁场方向相反，当磁铁拔出时，感应电流磁场方向与磁铁磁场方向相同。也就是说，当线圈的磁通 Φ 增大时，感应电流磁场方向与磁铁磁场方向相反，从而阻碍 Φ 增大；当 Φ 减小时，感应电流磁场方向与磁铁磁场方向相同，从而阻碍 Φ 减小。

实验结果与楞次定律相符，即感应电流的磁场总是阻碍引起感应电流的磁通的变化。

要点提示

在应用楞次定律判断感应电流方向时，可以从磁极的相互作用入手。例如，当把条形磁铁的 N 极插入线圈时，线圈中会产生感应电流，感应电流的磁场要阻碍 N 极靠近，由于同名磁极相互排斥，故可以判断线圈的上端为 N 极，进一步可以判断感应电流的方向。

当把条形磁铁的 N 极拔出时，感应电流的磁场要阻碍 N 极的远离，由于异名磁极相互吸引，故可以判断线圈的上端为 S 极，进一步可以判断感应电流的方向。

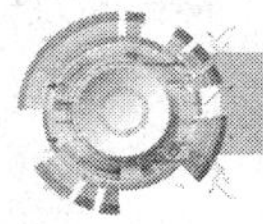

知识点 3　法拉第电磁感应定律

在上述实验中，如果加快条形磁铁插入（或拔出）线圈的速度，就会发现检流计指针偏转角度________（增大 / 减小）。这表明，感应电流的大小与磁铁插入（或拔出）线圈的速度有关，也就是说，与磁通量变化的速度有关。即如法拉第电磁感应定律所指出的：电路中感应电动势的大小，与穿过这一电路的磁通的变化率成正比。

要点提示

（1）磁通 Φ、磁通的变化量 $\Delta\Phi$、磁通的变化率 $\dfrac{\Delta\Phi}{\Delta t}$ 的物理意义见表 4–2–3。

表4-2-3

物理量	物理意义
磁通 Φ	表示穿过某一面积的磁感线的数量
磁通的变化量 $\Delta\Phi$	表示穿过某一面积的磁通变化的多少
磁通的变化率 $\frac{\Delta\Phi}{\Delta t}$	表示穿过某一面积的磁通变化的快慢

（2）磁通大，磁通的变化量不一定大；磁通的变化量大，磁通的变化率也不一定大。

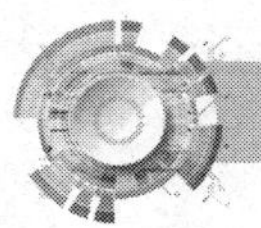

知识点 4　导线切割磁感线产生感应电动势

感应电动势的方向可用右手定则判断。

当导体、导体运动方向和磁感线方向三者互相垂直时，导体中的感应电动势为 $e=Blv$。

动手做

导线切割磁感线

● **实验器材**

蹄形磁铁 1 块，检流计 1 个，导线若干等。

● **实验过程**

在均匀磁场中放置一段导线，其两端分别与检流计相接，形成一个回路，如图 4-2-4 所示。

当导线做切割磁感线运动时，检流计指针________（偏转 / 不偏转），表明回路中__________（有 / 无）感应电流。加快导线切割磁感线的速度，检流计指针偏转角度__________（增大 / 减小），表明感应电流__________（增大 / 减小）。

（1）右手定则是楞次定律的特殊情况。

1）如图 4-2-4 所示，假设导线 AB 向右移动，用右手定则判断感应电流方向。

导线中感应电流方向为 $B\rightarrow A$，感应电动势正极为________，负极为________。

（提示：电源的电流流进端为感应电动势正极）

2）用楞次定律判断，当导线 AB 右移时，$ABCD$ 框内磁通增大，感应电流的磁场方向应与产生感应电流的原磁场方向相反，即由纸里向外，由右手螺旋定则可知，感应电流方向为 $B\rightarrow A$。

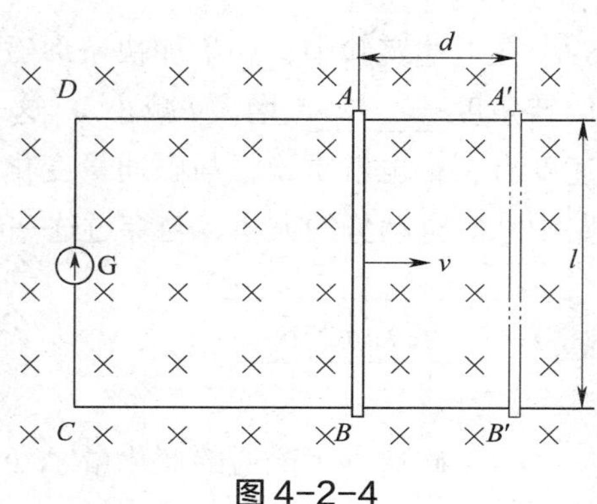

图 4-2-4

（2）直导线是线圈不到一匝的特殊情况。

在图 4–2–4 中，导线 AB 以速度 v 向右匀速运动，经时间Δt 到达 $A'B'$ 位置，试求感应电动势的大小。

1）直接应用公式 $e=Blv$。

2）应用法拉第电磁感应定律。

在导线 AB 移动过程中，穿过导线框磁通量的变化为

$$\Delta\Phi=B\Delta S=Bld=Blv\Delta t$$

所以感应电动势为

$$e=\frac{\Delta\Phi}{\Delta t}=\frac{Blv\Delta t}{\Delta t}=Blv$$

仍然得到相同结果。

课题小结

（1）感应电流周围也存在磁场。

（2）楞次定律的内容：感应电流的磁场总要阻碍____________________的变化。从磁通的变化看，感应电流总是阻碍原磁通的变化；从导体和磁场的相对运动看，感应电流总要阻碍相对运动。

五、自我检测

1. 填空题

（1）楞次定律的内容是__________的磁场总是________引起感应电流的磁通的变化。当线圈中磁通增加时，感应电流磁场的方向与原磁通的方向________；当线圈中磁通减小时，感应电流磁场的方向与原磁通的方向________。

（2）在电磁感应中，用________定律判断感应电动势的方向，用________________定律计算感应电动势的大小，其表达式为________。

2. 判断题

（1）导体中有感应电动势就一定有感应电流。（　　）

（2）导体中有感应电流就一定有感应电动势。（　　）

（3）只要线圈中有磁通穿过就会产生感应电动势。（　　）

（4）只要直导体在磁场中运动就会产生感应电动势。（　　）

（5）感应电流产生的磁场总是与原磁场方向相反。（　　）

3. 选择题

（1）法拉第电磁感应定律可以这样表述：闭合电路中感应电动势的大小与（　　）成正比。

A. 穿过这一闭合电路的磁通变化率

B. 穿过这一闭合电路的磁通

C. 穿过这一闭合电路的磁感应强度

D. 穿过这一闭合电路的磁通变化量

（2）运动导体切割磁感线产生的感应电动势最大时，导体与磁感线的夹角为（　　）。

A. 0°　　B. 45°

C. 90°

（3）下列属于电磁感应现象的是（　　）。

A. 通电直导线产生磁场　　B. 通电直导线在磁场中运动

C. 变压器铁芯被磁化　　D. 线圈在磁场中转动发电

（4）如图 4–2–5 所示，有一直导线中通有电流 I，线框 $abcd$ 在纸面内向右平移，线框内（　　）。

A. 无感应电流产生

B. 产生感应电流，方向是 $abcda$

C. 产生感应电流，方向是 $adcba$

D. 不能确定

（5）如图 4–2–6 所示，矩形导电线圈的平面垂直于磁感线，当线圈从位置 A 移动到位置 B 时，在线圈中产生的感应电流方向为（　　）。

A. 顺时针方向　　B. 逆时针方向

C. 先顺时针方向，再逆时针方向　　D. 先逆时针方向，再顺时针方向

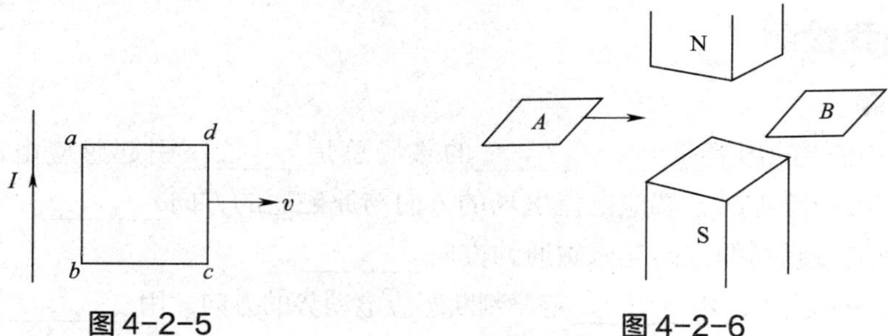

图 4–2–5　　图 4–2–6

4. 综合分析题

（1）如图 4–2–7 所示，当导体 ab 在外力作用下，沿金属导轨在均匀磁场中以速度 v 向右移动时，放置在导轨右侧的导体 cd 将如何运动？

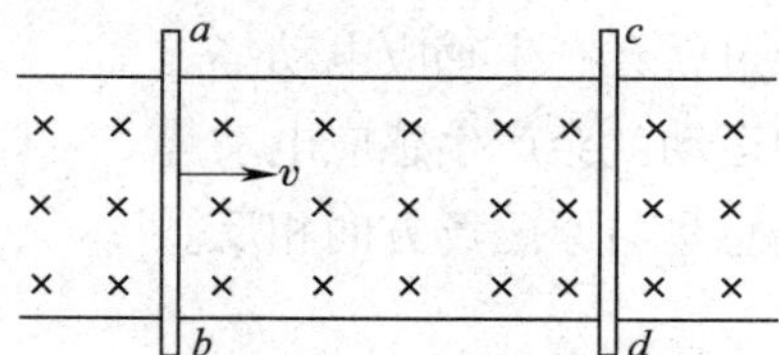

图 4–2–7

（2）图 4-2-8 所示螺线管中放有一条形磁铁，磁极已在图中标出。

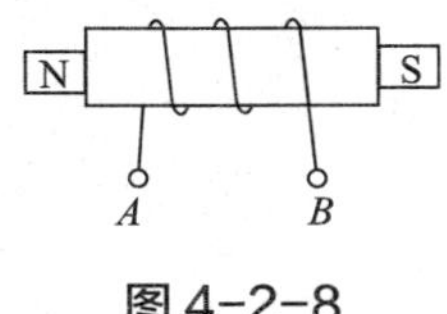

图 4-2-8

1）当磁铁突然向左抽出时，A、B 哪端电位高？

2）当磁铁突然向右抽出时，A、B 哪端电位高？

5. 计算题

（1）均匀磁场的磁感应强度为 0.8 T，直导线在磁场中的有效长度为 20 cm，导线运动方向与磁场方向的夹角为 α，导线以 10 m/s 的速度做匀速直线运动，如图 4-2-9 所示。求 α 分别为 0°、30°、90° 时直导线上感应电动势的大小和方向。

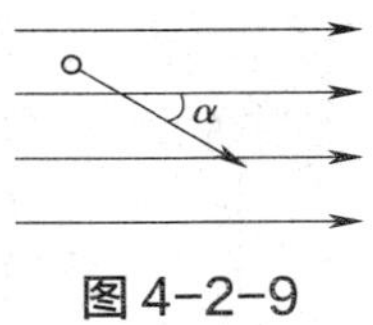

图 4-2-9

（2）有一个 1 000 匝的线圈，在 0.7 s 内穿过它的磁通从 0.02 Wb 增加到 0.09 Wb，如果线圈的电阻是 10 Ω，当它和一个电阻为 990 Ω 的电热器串联构成回路时，通过电热器的电流是多少？

课题三　自感和互感

为什么变压器的两个绕组相互绝缘，其中一个绕组接入交流电压，另一个绕组也能产生交流电压？

一、学习目标

完成本课题的学习后，应能够：

1. 了解自感现象、互感现象及其应用。
2. 理解自感系数和互感系数的概念。
3. 理解同名端的概念，并学会判断和测定互感线圈的同名端。

二、重点难点

重点：会判断互感线圈的同名端。

难点：理解电感线圈的储能特性。

三、知识结构

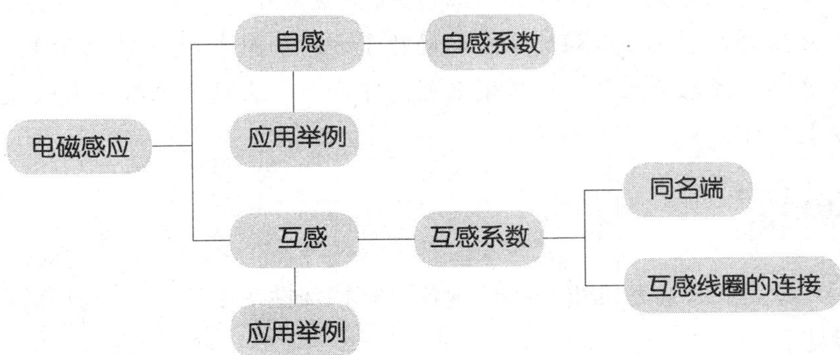

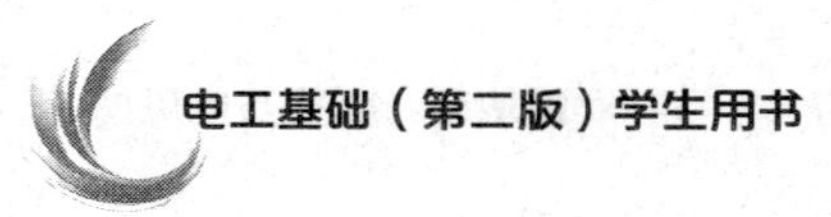

四、学练过程

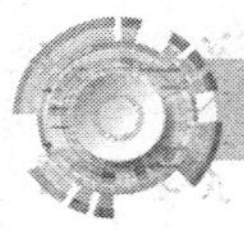

知识点 1 自感

由于流过线圈本身的电流发生变化而引起的电磁感应现象称为自感现象，简称自感。由于自感现象而产生的感应电动势称为自感电动势。

当线圈中通入电流后，这一电流使每匝线圈所产生的磁通称为自感磁通。同一电流通入结构不同的线圈时，所产生的自感磁通是不相同的。为了衡量不同线圈产生自感磁通的能力，引入自感系数（简称电感）这一物理量，用 L 表示，它在数值上等于一个线圈中通过单位电流所产生的自感磁通。即

$$L=N\frac{\Phi}{I}$$

式中，N 为线圈的匝数，Φ 为每一匝线圈的自感磁通。

动手做

观察自感现象

● **实验器材**

多匝线圈 1 个，发光二极管 2 个，开关 1 个，电阻 1 个，直流稳压电源 1 台等。

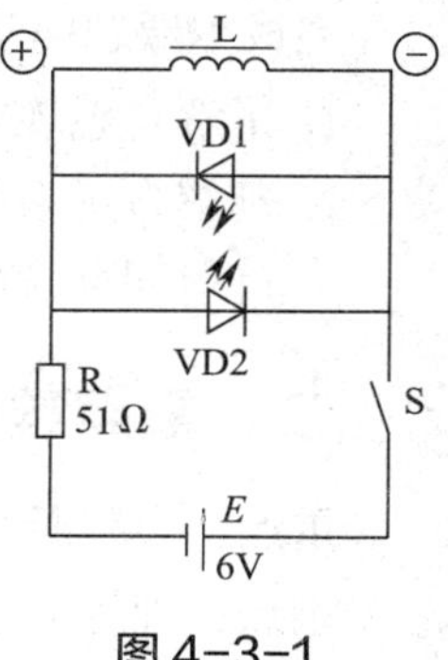

图 4–3–1

● **实验过程**

（1）按图 4–3–1 连接电路，合上开关 S，观察两个发光二极管的亮灭情况。

（2）断开开关 S，观察两个发光二极管的亮灭情况。

合上开关 S，VD1________，VD2________。再断开开关 S，VD1________，VD2________。

● **分析归纳**

这是由于断开开关 S 后，通过线圈 L 的电流突然减小，穿过线圈 L 的磁通也很快减小，线圈 L 中必然要产生一个很强的感应电动势（方向如图中 ⊕、⊖ 所示），以阻碍电流的减小。虽然这时电源已被切断，但线圈 L 组成了回路，在这个电路中有较大的感应电流通过，所以发光二极管 VD2 会突然闪亮。

要点提示

（1）自感现象是一种特殊的电磁感应现象，其特殊性在于产生原磁场和产生感应电动势的是同一导体。

（2）产生自感现象的原因是导体（线圈）本身的电流发生变化，引起穿过自身的磁通发生变化。

（3）自感现象的规律同样遵循楞次定律和法拉第电磁感应定律。

（4）自感系数是描述线圈产生自感电动势本领的物理量，它是由线圈本身的固有属性决定的。它类似于导体的电阻、电容器的电容等物理量，与线圈是否通入电流以及通入电流的大小无关。

（5）线圈的自感系数与线圈的形状、长短、匝数以及线圈内是否有铁芯有关。具体来说，线圈横截面积越大、线圈越长，匝数越多，其自感系数越大。此外，有铁芯的线圈的自感系数比没有铁芯的大得多。

知识点 2 互感现象和互感电动势

在教材图 4–39 中，线圈 A 和线圈 B 之间并没有导线相连，但当线圈 A 中电流变化时，它所产生的磁场也会在线圈 B 中产生感应电动势，这种现象称为互感现象，简称互感。

要点提示

关于互感，必须明确以下几点：

（1）线圈 A 和线圈 B 之间并没有导线相连。

（2）线圈 A 中电流变化，会使线圈 B 中产生感应电动势；同样，线圈 B 中电流变化，也会使线圈 A 中产生感应电动势。

（3）对于已经制作好的两个线圈，互感电动势的大小与两个线圈的相对位置有关。

（4）互感现象不仅发生于绕在同一铁芯上的两个线圈之间，而且可以发生于任何两个相互靠近的电路之间。

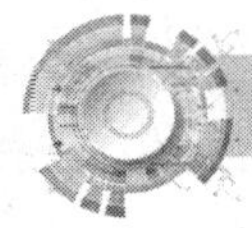

知识点 3 互感线圈的同名端

在同一变化磁通的作用下，感应电动势极性相同的端子称为同名端，感应电动势极性相反的端子称为异名端。

要点提示

（1）关于同名端的定义，存在多种表述方式，虽然所取的角度不同，但本质是一致的。例如，当电流流入（或流出）两个线圈时，若产生的磁通方向相同，则两个电流流入端称为同名端（从线圈磁通的角度进行说明）；由于两个线圈绕向一致而产生感应电动势的极性始终保持一致的端子称为同名端（从线圈绕向的角度进行说明）。

（2）同名端的表示方法有多种。例如，在图 4-3-2 中，1、3 为同名端，2、4 也为同名端；1、4 为异名端，2、3 也为异名端。也可用图 4-3-3 简单表示。

（3）当磁路无分支时，几个端子可以为一组同名端。当磁路有分支时，同名端只对两个端子而言，只可以两两线圈判别。图 4-3-4 中，2 端与 4 端为同名端，2 端与 5 端为同名端（4 端与 5 端为异名端）。

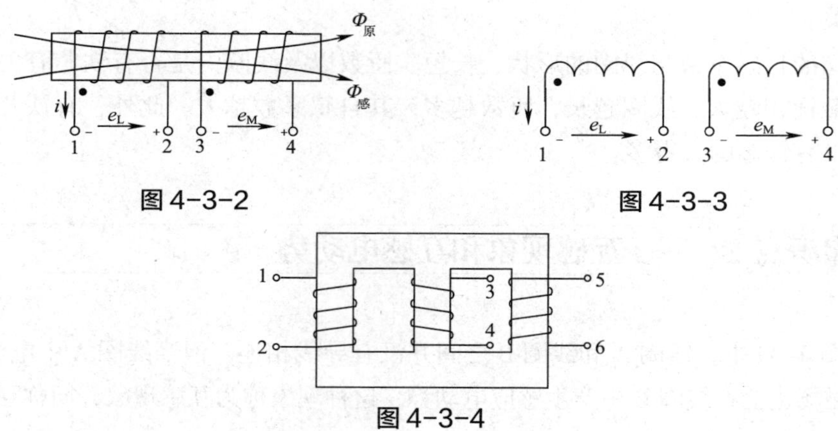

图 4-3-2　　图 4-3-3

图 4-3-4

动手做

判断互感线圈的同名端

● **实验器材**

小型电源变压器 1 个，检流计 1 个，电阻 1 个，开关 1 个，直流稳压电源 1 台，导线若干等。

● **实验过程**

（1）按图 4-3-5 连接电路，将开关 S 合上（合上时间不要太长）或断开，观察检流计指针偏转方向，将实验结果填入表 4-3-1。

表 4-3-1

开关 S 动作	检流计指针偏转方向	结论
合上		______、______（或______、______）为同名端
断开		______、______（或______、______）为异名端

（2）改变电源极性，重复上述实验，观察检流计指针偏转情况，再次判断同名端，结果相同吗？

（3）实验完毕，断开开关 S。

● **分析归纳**

由结果可知，虽然实验方法不同，但是结果相同，因为互感线圈的同名端是由线圈的绕向决定的。

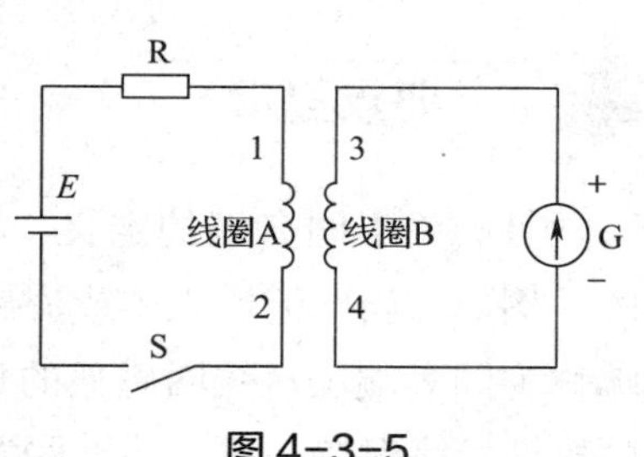

图 4-3-5

课题小结

（1）总结自感和互感的特点，填入表 4–3–2 中。

表 4–3–2

自感	互感
由于流过线圈本身的电流发生变化而引起的电磁感应现象	由一个线圈中的电流发生变化而在另一个线圈中产生电磁感应的现象
自感系数：L=____________ 自感电动势：e_L=____________	互感系数：M=____________ 互感电动势：e_{M2}=____________
相同点：1. 都是电磁感应的一种特殊形式 2. 都遵循________定律和__________________定律	

（2）当两个线圈相互________时，互感系数最大；当两个线圈相互________时，互感系数最小。

（3）由于线圈的绕向________而产生感应电动势的极性________________的端子称为同名端。

五、自我检测

1. 判断题

（1）线圈中的电流变化越快，其自感系数就越大。（　　）

（2）自感电动势的大小与线圈的电流变化率成正比。（　　）

（3）空心线圈插入铁芯后电感变小。（　　）

（4）当结构一定时，铁芯线圈的电感是一个常数。（　　）

2. 选择题

（1）当线圈中通入（　　）时，就会引起自感现象。

A. 不变的电流　　B. 变化的电流

C. 电流

（2）线圈中产生的自感电动势总是（　　）。

A. 与线圈内的原电流方向相同

B. 与线圈内的原电流方向相反

C. 阻碍线圈内原电流的变化

D. 上面三种说法都不正确

3. 综合分析题

（1）标出图 4–3–6 所示各线圈的同名端。

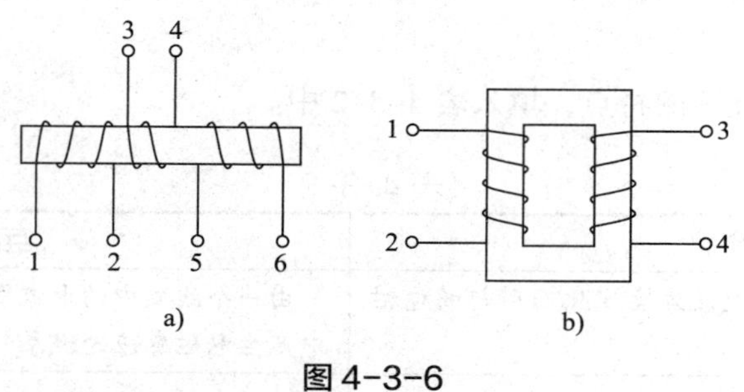

图 4-3-6

（2）在图 4-3-7 中开关 S 闭合瞬间，三个线圈中感应电动势的极性，以及流过 R1、R2 的电流方向是怎样的？

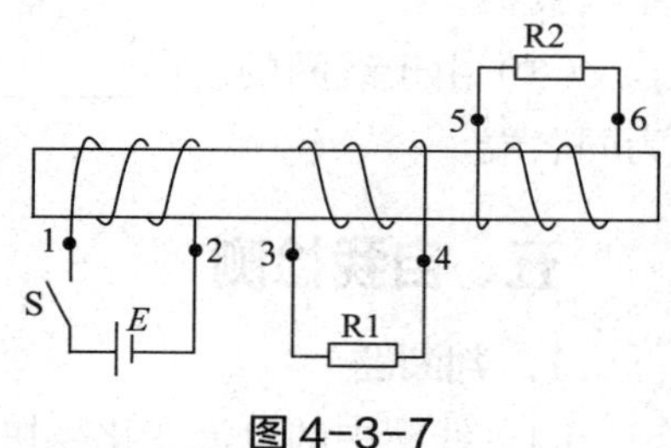

图 4-3-7

（3）有两个线圈，若它们之间的距离不变，如何放置可使其互感系数为零？这样做在工程上具有什么实际意义？

（4）用万用表电阻挡分别测量阻值较大的电阻器、电容器、电感线圈（其直流电阻很小）三种元件时，指针的偏转情况各有什么不同？

（5）一对线圈分别按图 4-3-8a、b 连接，试绘制线圈实际结构的示意图，并说出哪种接法等效电感大，为什么？

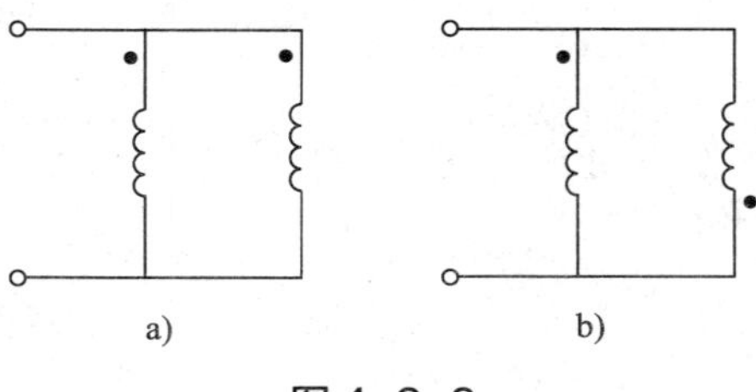

图 4-3-8

4. 计算题

（1）某线圈的电感 L=500 mH，其电阻忽略不计，假设在某一瞬间通过该线圈的电流每秒增加 5 A，此时线圈两端的电压是多少？

（2）如图 4-3-9 所示，裸导线 MN 在均匀磁场中沿光滑金属导轨向右做加速运动，则检流计指针如何偏转？

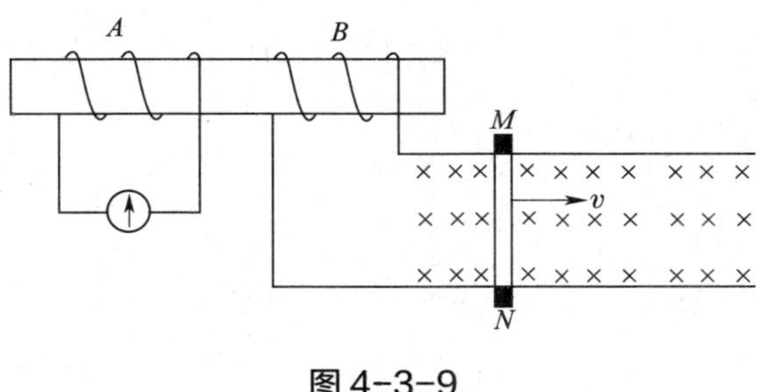

图 4-3-9

（3）补画图 4-3-10 所示判断 L1、L2 同名端的实验电路（器材自选）。

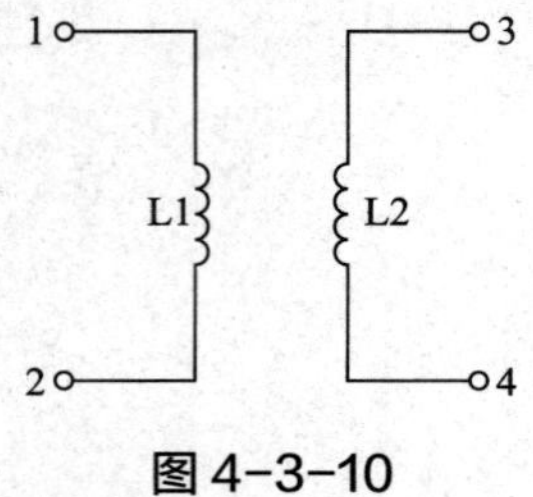

图 4-3-10

课题四 铁磁材料与磁路

怎样才能使一根软铁棒成为磁铁呢?

磁盘、扬声器、变压器都用到铁磁材料，它们各有什么不同?

一、学习目标

完成本课题的学习后，应能够:

1. 理解铁磁材料的磁化以及磁化曲线、磁滞回线与铁磁材料性能的关系。
2. 了解铁磁材料的分类及应用。
3. 理解磁动势和磁阻的概念以及磁路欧姆定律。
4. 了解电磁铁的组成及应用。

二、重点难点

重点：铁磁材料的分类及应用。

难点：磁滞回线。

三、知识结构

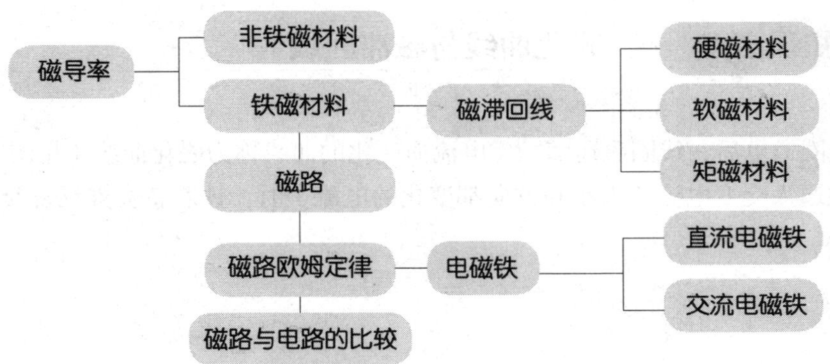

四、学练过程

知识点 1　铁磁物质的磁化

（1）磁导率。

磁导率是一个用来表示磁介质导磁性能的物理量，用 μ 表示，其单位是 H/m（H 是电感的单位，名称是亨利，简称亨）。

μ 为任一物质的磁导率，μ_r 为相对磁导率，即 μ 与真空的磁导率 μ_0 的比值，即 $\mu_r=\dfrac{\mu}{\mu_0}$。铁磁物质的 $\mu_r \gg 1$，非铁磁物质的 $\mu_r \approx 1$。

（2）铁磁物质的磁化。

使原来没有磁性的物质具有磁性的过程称为磁化。只有铁磁材料才能被磁化。

动手做

验证铁磁物质的磁化

● **实验器材**

软铁棒 1 根，铜棒 1 根，空心线圈 1 个，直流稳压电源 1 台，铁屑少许等。

● **实验过程**

用一根软铁棒靠近铁屑，铁屑________（能 / 不能）被吸引。

用一根铜棒靠近铁屑，铁屑________（能 / 不能）被吸引。

把软铁棒插入载流空心线圈，再靠近铁屑，铁屑________（能 / 不能）被吸引。

把铜棒插入载流空心线圈，再靠近铁屑，铁屑________（能 / 不能）被吸引。

● **分析归纳**

软铁是铁磁材料，放入磁场中容易被磁化，拿出磁场后，又立刻退磁；铜不是铁磁材料，在磁场中不能被磁化。

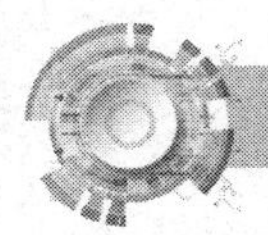

知识点 2　磁化曲线与磁滞回线

铁芯线圈通电后，线圈磁通随励磁电流而变化的曲线称为磁化曲线（见图 4–4–1）。当铁芯线圈中通入交变电流（大小和方向都变化的电流）时，铁芯就会被反复交变磁化（见图 4–4–2）。

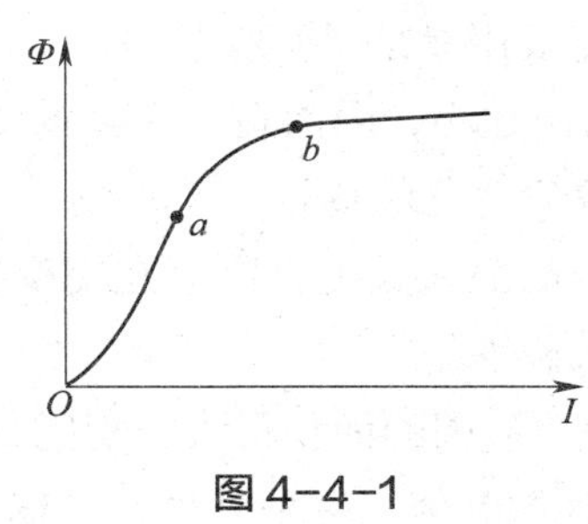

图 4-4-1

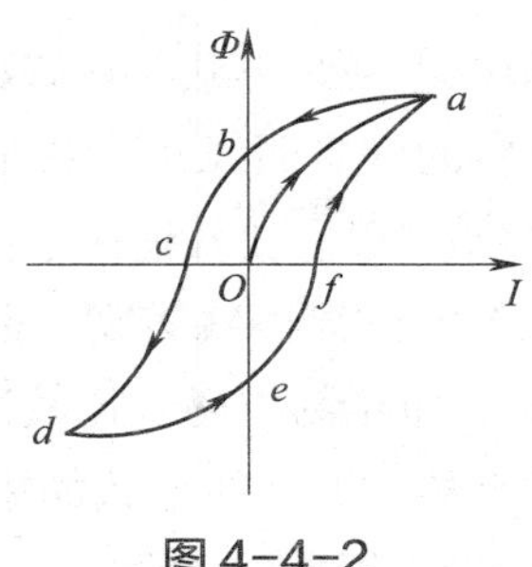

图 4-4-2

要点提示

铁磁材料的磁化具有如下特点。

（1）高导磁性：图 4-4-1 中 Oa 段较为陡峭，可见铁磁材料磁导率较高（$\mu \gg 1$），使其具有被强烈磁化的特性。

（2）磁饱和性：图 4-4-1 中 b 点以后较为平坦，可见当外磁场（励磁电流）增大到一定值时，磁通已几乎不变。

（3）磁滞性：如图 4-4-2 所示，铁芯反复交变磁化的过程中，线圈磁通 Φ 的变化总是滞后于励磁电流 I 的变化。反复交变磁化的过程可分为四部分：正向磁化（Oa 段、fa 段）、正向去磁（ac 段）、反向磁化（cd 段）、反向去磁（df 段）。

（4）在铁芯反复交变磁化的过程中，当励磁电流减到零值时，铁芯线圈的磁通 Φ 并未回到零，仍有一定剩余（图 4-4-2 中 Ob 段、Oe 段），称为剩磁。使剩磁消失所需加的反向电流（Oc 段、Of 段）称为矫顽力。磁滞损耗的大小与磁滞回线包围的面积成正比。

课堂练习

平面磨床加工完毕后，需要在励磁线圈中通入短暂的反向电流，才能将工件从电磁工作台上取下，为什么？

知识点 3 铁磁材料的分类和应用

铁磁材料根据其磁滞回线不同，可分为软磁材料、硬磁材料和矩磁材料。

要点提示

（1）要注意铁磁材料的分类是根据磁滞回线的形状划分的（实际上也就是根据其矫顽力不同划分的），而将物质分为铁磁材料和非铁磁材料是根据磁导率来划分的，二者不可混淆。

（2）要理解磁滞回线形状与铁磁材料的磁性能及用途是紧密联系的。

1）软磁材料的磁滞回线窄，磁滞回线包围的面积小，因而在交变磁场中磁滞损耗小，容易磁化，也容易去磁。比较适用于工作中需要反复磁化的场合。

2）硬磁材料的磁滞回线较宽，磁滞回线包围的面积较大，因而在交变磁场中的损耗较大，不易磁化，也不易去磁。比较适合制作永久磁铁。

3）矩磁材料的磁滞回线形状如矩形，磁滞回线包围的面积最大，矩磁材料很易磁化，在很小的外磁场作用下就能磁化，一经磁化便达到饱和值，去掉外磁，磁场仍能保持在饱和值，所以适合制作记忆元件。

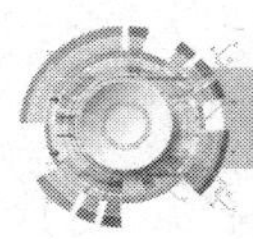

知识点 4　磁路与磁路欧姆定律

（1）磁路：磁通所通过的路径。

（2）磁动势：通过线圈的电流 I 和线圈匝数 N 的乘积，即 $F_m=NI$，单位为 A。

（3）磁阻：磁通在通过磁路时所受到的阻碍作用，即 $R_m=\dfrac{l}{\mu S}$，单位为 H^{-1}。

（4）磁路欧姆定律：通过磁路的磁通与磁动势成正比，而与磁阻成反比，即 $\Phi=\dfrac{F_m}{R_m}$。

课堂练习

比较磁路与电路的区别，将表 4-4-1 补充完整。

表 4-4-1

磁路	电路
Φ　I　F_m　N	I　E　R
磁动势 F_m=________	电动势 E
磁通 Φ	电流 I
磁阻 R_m=________	电阻 R=________
磁导率 μ	电阻率 ρ
磁路欧姆定律 Φ=________	电路欧姆定律 I=________

要点提示

（1）磁路欧姆定律和电路欧姆定律在形式上相似，但有本质的不同。电路断开时，电流为零，电动势依然存在。可是磁路没有开路状态，因为磁感线是不可断开的闭合曲线。

（2）线圈中通入同样大小的励磁电流时，要得到相等的磁通，应采用磁导率高的铁芯材料，因为其磁阻较小，可以减少铁芯的用铁量。

（3）当线圈匝数一定时，若磁路中含有气隙，则由于其磁阻较大，要得到相等的磁感应强度，就必须增大励磁电流。

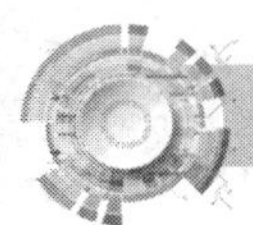

知识点 5　电磁铁

还记得前面将软铁棒放在通电线圈中吸引铁屑的实验吗？这其实就是一个最简单的电磁铁。

主要结构：励磁线圈、铁芯。

铁芯材料：软磁材料（容易磁化、容易去磁）。

按励磁电流性质分类：直流电磁铁、交流电磁铁。

按用途分类：起重电磁铁、制动电磁铁、牵引电磁铁及其他用途的电磁铁（如平面磨床的电磁吸盘）等。

要点提示

（1）为什么电磁铁的铁芯要用软磁材料？

因为软磁材料容易磁化，也容易去磁，这正符合电磁铁的工作要求，即当电源接通时，电磁铁被迅速磁化产生磁性；当电源断开时，磁性随之消失。如果是起重电磁铁，当励磁线圈断电时，则放下铁件。

（2）直流电磁铁和交流电磁铁的区别。

1）直流电磁铁的励磁电流仅与线圈两端的电压和线圈电阻有关，为恒定值，不随气隙大小而变化，所以直流电磁铁无磁滞损耗和涡流损耗。

2）交流电磁铁的励磁电流由磁路性质决定，在吸合过程中，随着气隙的减小，磁阻减小，线圈的电感和感抗增大，因而电流逐渐减小。由于电流交变，磁通也交变，所以交流电磁铁有磁滞损耗和涡流损耗。

课堂练习

（1）标出图 4–4–3 中铁芯和衔铁的磁极，并画出铁芯和衔铁中磁感线的方向。图中衔铁尚未被吸合，这时形成闭合磁路吗？为什么？

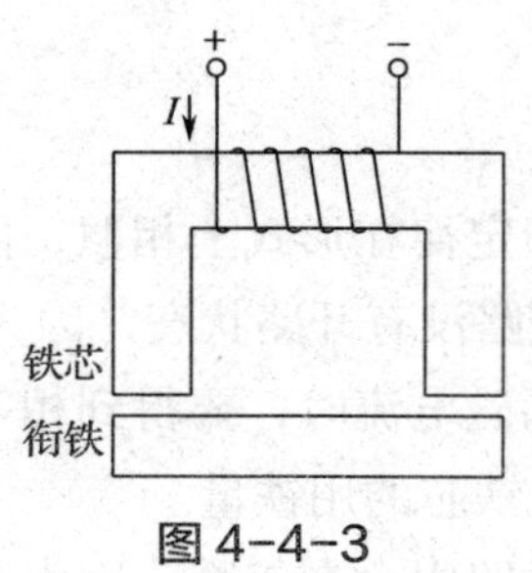

图 4-4-3

（2）如果交流电磁铁的衔铁在吸合过程中被卡住，会出现什么现象？为什么？应采取什么措施？

课题小结

（1）____________________的过程称为磁化。只有________才能被磁化。

（2）当一个线圈的结构、形状、匝数都已确定时，线圈中的________随________变化的规律可用________曲线来表示，称为磁化曲线。当线圈通入交变电流时，得到的闭合曲线称为________。

（3）铁磁材料根据工程上的用途不同可分为__________、__________和__________。

（4）________所通过的路径称为磁路。磁路可分为__________和__________。

（5）全部在磁路内部闭合的磁通称为________，部分经过磁路周围物质而自成回路的磁通称为________。

（6）磁动势用________表示，单位是________；磁阻用________表示，单位是________。磁路中的磁通、磁通势和磁阻之间的关系，可用磁路欧姆定律来表示，即________。

（7）实际应用的电磁铁一般由________和________两个基本部分组成。

五、自我检测

1. 选择题

（1）制作变压器的铁芯、永久磁铁、计算机的磁盘应分别选用（　　）。

A. 软磁材料、硬磁材料、矩磁材料

B. 硬磁材料、软磁材料、矩磁材料

C. 软磁材料、矩磁材料、硬磁材料

（2）硬磁材料在反复磁化过程中（　　）。

A. 容易饱和　　B. 难以去磁　　C. 容易去磁

2. 判断题

（1）铁磁材料在反复磁化的过程中，Φ 的变化总是滞后于 I 的变化。（　　）

（2）铁磁材料的磁导率为一常数。（　　）

（3）软磁材料常被用于制作电动机、变压器、电磁铁的铁芯。（　　）

（4）铁磁材料的磁阻小，所以可以尽可能地将磁通集中在磁路中。（　　）

（5）磁路欧姆定律可以用来分析和计算磁路。（　　）

（6）磁动势的单位是伏特。（　　）

（7）气隙对直流电磁铁和交流电磁铁的影响是相同的。（　　）

3. 问答题

（1）平面磨床的电磁工作台，在工件加工完毕后，应采取什么措施才能将工件轻便地取下？为什么？

（2）在同一线圈中分别放入两种不同的铁磁材料，通电后测出它们的磁滞回线如图 4-4-4 所示。

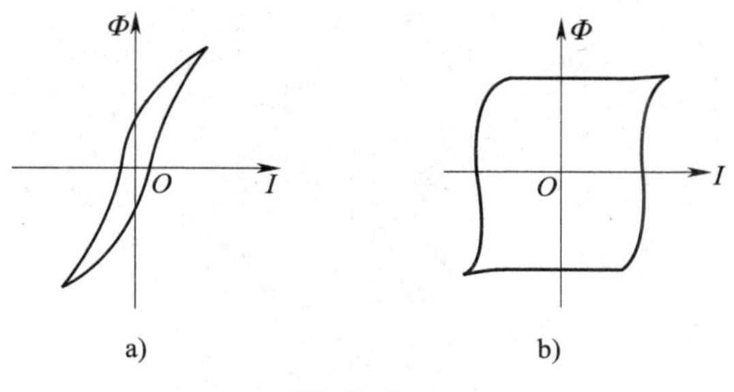

图 4-4-4

1）图 4-4-4a、b 所示磁滞回线各属于哪种铁磁材料？

2）为什么制作磁盘采用矩磁材料，而不采用软磁材料？为什么电磁铁的铁芯必须采用软磁材料？

（3）额定电压相同的交、直流电磁铁能否互换使用？为什么？

（4）图 4–4–5 所示为电磁抱闸工作示意图，它常用于制动机床和起重机的电动机，试说明它的工作原理。

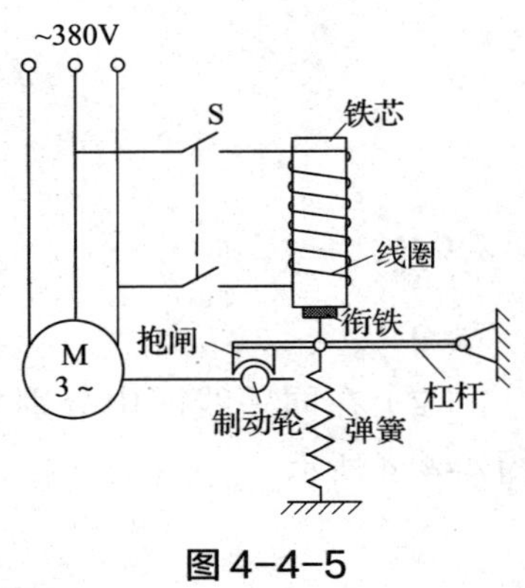

图 4–4–5

模块五 单相交流电路

课题一　交流电的基本概念

日常使用的电风扇、洗衣机、空调、电动车、手机等分别采用什么方式供电?

正弦交流电有什么特点? 它是怎样产生的? 应如何描述交流电?

一、学习目标

完成本课题的学习后，应能够:

1. 了解正弦交流电的产生和特点。
2. 理解正弦交流电的有效值、频率、初相位及相位差等的概念。
3. 掌握正弦交流电的三种表示方法。

4. 学会使用信号发生器和示波器观察交流电波形。

二、重点难点

重点：正弦交流电的三要素和正弦交流电的三种表示方法。

难点：初相位和相位差的概念。

三、知识结构

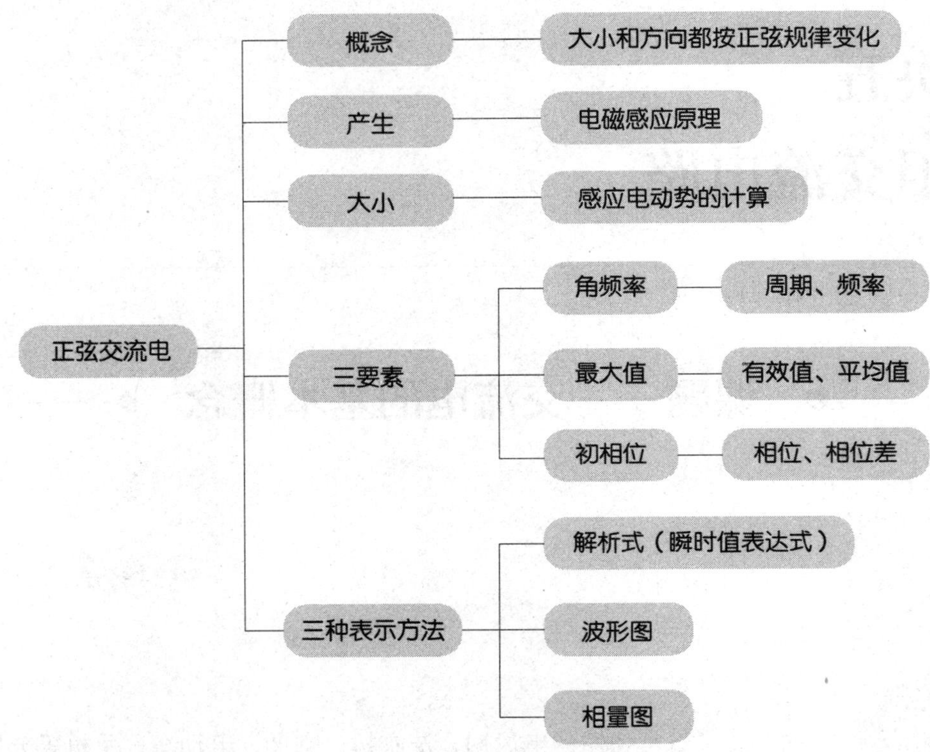

四、学练过程

知识点 1　交流电的概念

正弦交流电的大小和方向都按正弦规律变化。

课堂练习

（1）交流电和直流电的根本区别是什么？________________。

（2）哪些用电器使用直流电？________________。

（3）哪些用电器使用交流电？________________________________。

（4）交流电是从何而来的？________________________________。

（5）观察直流电和交流电的波形图，比较它们的特点，完成表 5-1-1。

表 5-1-1

<table>
<tr><th colspan="3">名称</th><th>波形图</th><th>特点</th></tr>
<tr><td colspan="3">直流电</td><td> 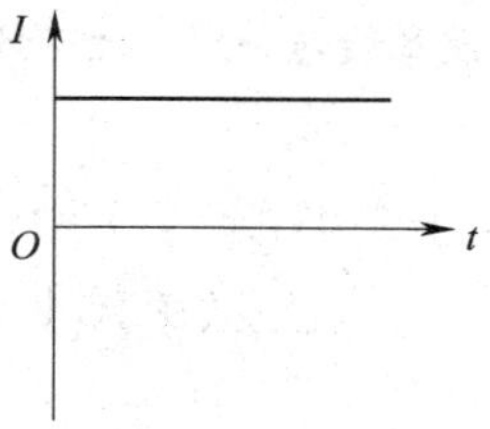</td><td>随着时间变化，大小________（不变 / 变化），方向________（不变 / 变化）</td></tr>
<tr><td rowspan="3">交流电</td><td colspan="2">正弦交流电</td><td> 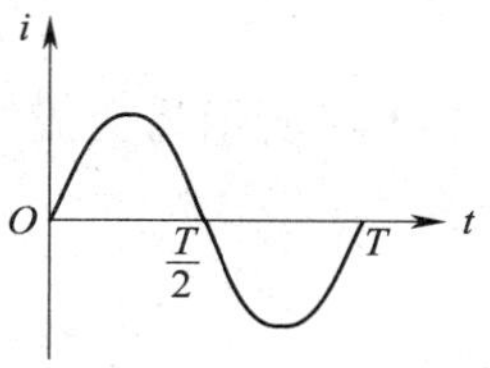</td><td>随着时间变化，大小________（不变 / 变化），方向________（不变 / 变化）</td></tr>
<tr><td rowspan="2">非正弦交流电</td><td>锯齿波</td><td> 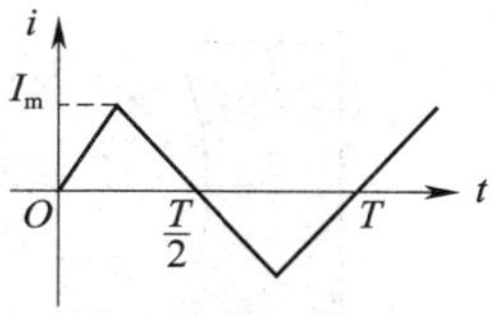</td><td>随着时间变化，大小________（不变 / 变化），方向________（不变 / 变化）</td></tr>
<tr><td>方波</td><td> 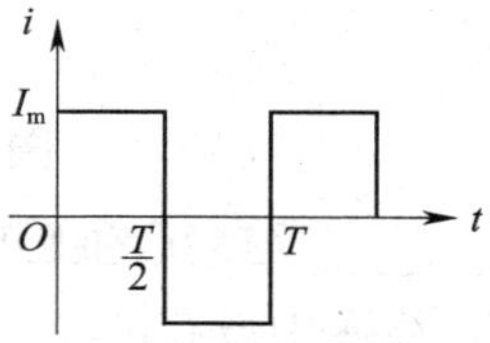</td><td>随着时间变化，大小________（不变 / 变化），方向________（不变 / 变化）</td></tr>
</table>

知识点 2 正弦交流电的产生

交流电可以由交流发电机提供，也可由振荡器产生。

动手做

交流电的产生

● **实验器材**

手摇发电机 1 台，手摇发电机自带的小灯泡 2 个，发光二极管 2 个，检流计 1 个等。

● **实验过程**

（1）参照教材图 5–3a 连接电路，转动手摇发电机手柄，看到小灯泡________（发光 / 不发光）。

（2）卸下小灯泡，改接反向并联的两个发光二极管（也可用鳄鱼夹将发光二极管固定在接线端），缓缓转动手柄，看到两个发光二极管________（交替 / 同时）发光。在转动手柄的过程中，发光二极管的亮度是________（变化 / 不变）的。

（3）拆下发光二极管，改接检流计。此时，线圈每旋转一周，检流计指针左右摆动________次。

● **分析归纳**

手摇发电机产生的感应电流方向是________（变化 / 不变）的，大小是________（变化 / 不变）的。由此可以判断，手摇发电机产生的是________（直流电 / 交流电）。

课堂练习

图 5–1–1 所示为交流发电机接检流计，图 5–1–2 所示为交流发电机线圈截面图，试回答以下问题。

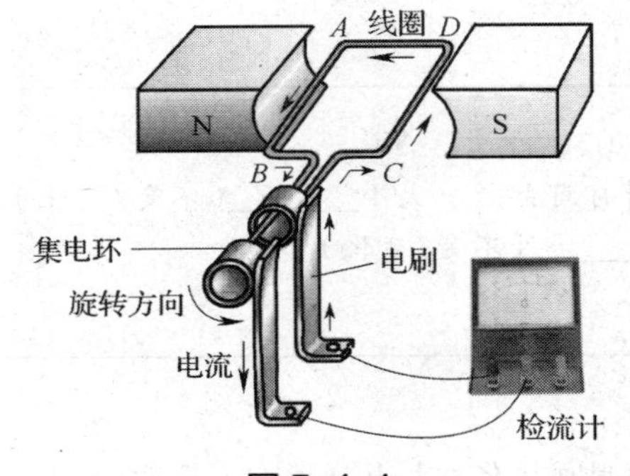

图 5–1–1

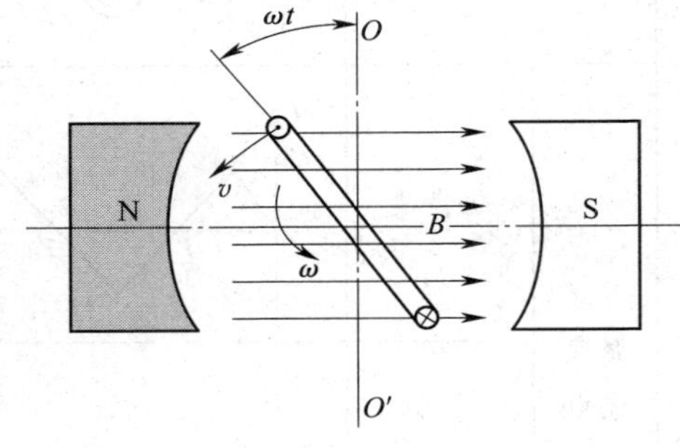

图 5–1–2

（1）矩形线圈转动过程中，________边和________边会产生感应电动势。

（2）当线圈转到______________位置时，线圈中没有电流。

（3）当线圈转到______________位置时，线圈中电流最大。

（4）从__________________位置开始，线圈中感应电流改变方向。

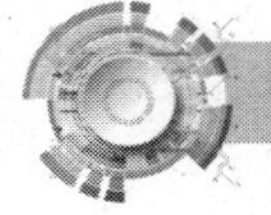

知识点 3　感应电动势的大小

$$e=E_m\sin \omega t$$

$$e=E_m\sin(\omega t+\varphi_0)$$

课堂练习

（1）中性面是与磁场方向________（垂直 / 平行）的平面。

（2）设线圈从中性面开始转动，线圈转动的角速度为 ω，经历时间为 t，则线圈与中性面的夹角为________，其单侧线圈切割磁感线的线速度与磁感线的夹角为________，单侧线圈产生的感应电动势为____________，双侧线圈产生的感应电动势为____________，设 $2Blv=E_m$，则可得 e=________________。

（3）线圈平面与中性面成一夹角 φ_0 时开始计时，则公式变为 e=________________。

知识点 4 正弦交流电的周期、频率和角频率

周期：交流电每重复变化一次所需的时间，用符号 T 表示，单位是秒（s）。

频率：交流电在 1 s 内重复变化的次数，用符号 f 表示，单位是赫兹（Hz）。

角频率：正弦交流电每秒内变化的角度（电角度），用符号 ω 表示，单位是弧度 / 秒（rad/s）。

周期 T 与频率 f 的关系为 T=________，f=________。

角频率 ω 与周期 T 的关系为 ω=________。

角频率 ω 与频率 f 的关系为 ω=________。

课堂练习

（1）根据表 5–1–2 所给交流电频率，计算交流电的周期和角频率。

表 5–1–2

频率 /Hz	周期 /s	角频率 /（rad · s^{-1}）
50		
1 000		

（2）图 5–1–3 中横坐标分别用 t 和 ωt 表示，试画出 50 Hz 交流电的波形图（一个周期）。

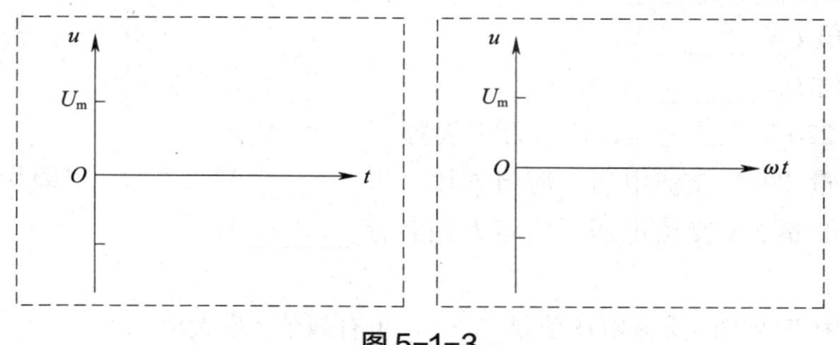

图 5–1–3

知识点 5　正弦交流电的最大值、有效值和平均值

最大值：正弦交流电在一个周期内所能达到的最大瞬时值（也称峰值）。

有效值：一个周期内，与给定的正弦交流电产生相同热效应的直流电的数值。

平均值：正弦交流电在半个周期内所有瞬时值的平均大小。

要点提示

（1）最大值是指最大瞬时值的绝对值。应注意：负的最大值是指反方向的最大值，而不是最小值。

（2）注意峰—峰值和峰值（最大值）的关系，两者不可混淆。

峰 – 峰值：$U_{p-p}=2U_m$

峰值：$U_m=\frac{1}{2}U_{p-p}$

对正弦交流电有：最大值 = 有效值的$\sqrt{2}$倍（如 $U_m=\sqrt{2}U$）。

（3）以一个周期时间来定义有效值更为准确。如果时间极短，例如只有 $\frac{1}{4}$ 周期，则最大值和有效值之间并不符合$\sqrt{2}$倍的关系。

（4）非正弦量的有效值和最大值之间不符合$\sqrt{2}$倍的关系。

（5）对正弦交流电有：有效值≈平均值的 1.1 倍（如 $U\approx 1.1U_P$）。由于一个周期内正弦交流电的平均值为零，故取半个周期内的平均值。

课堂练习

（1）根据图 5–1–4 所示的电压波形，完成下题：

________值 U_m=________V。

________值 U_{p-p}=________V。

________值 U=________V。

________值 U_p=________V。

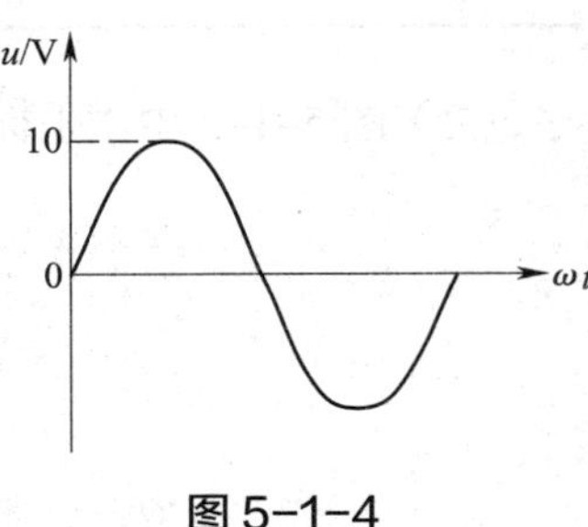

图 5–1–4

（2）测量 220 V 交流电压，应将万用表置________V 交流电压挡；测量 380 V 交流电压，应将万用表置________V 交流电压挡；测量 5 V 交流电压，应将万用表置________V 交流电压挡。

（3）用万用表测出的交流电压值是________（有效值 / 最大值）。

知识点 6 正弦交流电的相位和相位差

相位：解析式中的 $\omega t+\varphi_0$，反映正弦交流电的变化过程。

初相位：t=0 时的相位，即解析式中的 φ_0，反映正弦交流电变化的起点。

要点提示

（1）通常只讨论相同频率正弦交流电之间的相位差，因为只有频率相同的正弦交流电，它们的相位差才是不变的，如自行车车轮上每根辐条随车轮一起转动，它们的转速相同，辐条之间的夹角保持不变。而钟表上的时针、分针和秒针，由于它们的转速不同，所以它们之间的夹角随时都在变化。

（2）两个同频率正弦交流电之间的相位差，表明它们之间在时间上超前和滞后的关系。例如教材图 5–12 中：

1）$\varphi=\varphi_{01}-\varphi_{02}>0$，$e_1$ 超前 e_2，相位差为 φ（或 e_2 滞后 e_1，相位差为 φ）。

2）$\varphi=\varphi_{01}-\varphi_{02}=0$，$e_1$ 与 e_2 同相。

3）$\varphi=\varphi_{01}-\varphi_{02}=180°$，$e_1$ 与 e_2 反相。

4）$\varphi=\varphi_{01}-\varphi_{02}=90°$，$e_1$ 与 e_2 正交。

课堂练习

（1）某同学将电流解析式写作 $i=10\sin(\omega t+240°)$ A，这样表示妥当吗？应该怎样表示？

（2）某同学写下这样的关系式：I 超前 U 30°，这样表示对吗？为什么？

（3）根据正弦交流电的波形图，完成表 5–1–3 的填写。

表 5–1–3

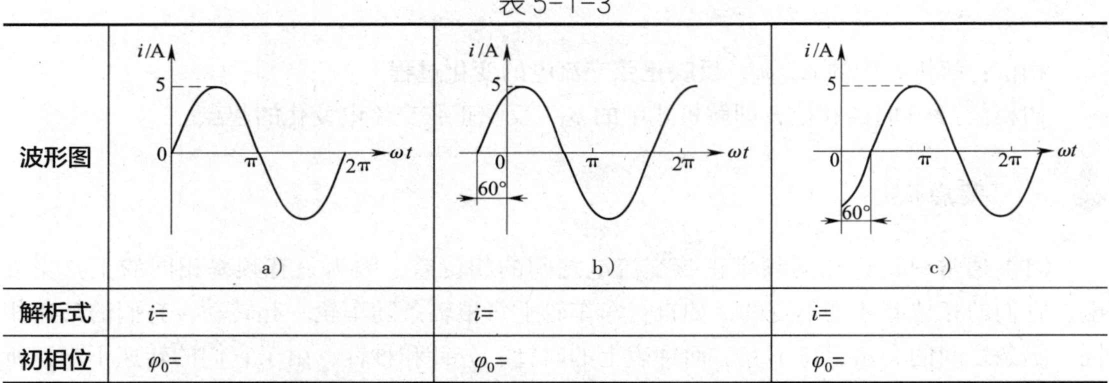

波形图	a）	b）	c）
解析式	i=	i=	i=
初相位	φ_0=	φ_0=	φ_0=

注：图 b 中，当 ωt=0 时，正弦量为正值，故初相位 φ_0 为正值；图 c 中，当 ωt=0 时，正弦量为负值，故初相位 φ_0 为负值。

（4）根据图 5–1–5 所示波形图，说出 e_1 和 e_2 的相位关系。

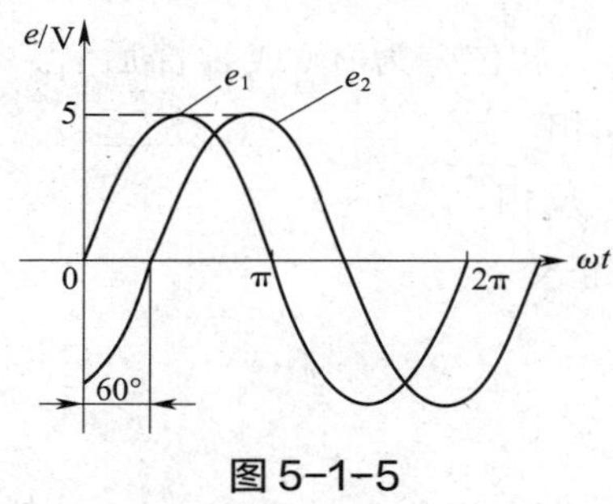

图 5–1–5

e_1 的初相位为________，e_2 的初相位为________，e_1________（超前 / 滞后）e_2______。

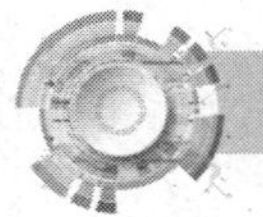

知识点 7　正弦交流电的相量图表示法

通常在分析线性电路时，输入与输出信号均为同频率的正弦量，频率是已知或特定的，可不必考虑，只要求出正弦量的幅值（或有效值）和初相位即可，因此，可用相量图表示正弦交流电的两个要素。

（1）相量的长度表示正弦量的幅值或有效值。

（2）相量与横轴正方向的夹角表示正弦量的初相位，如图 5–1–6 所示。

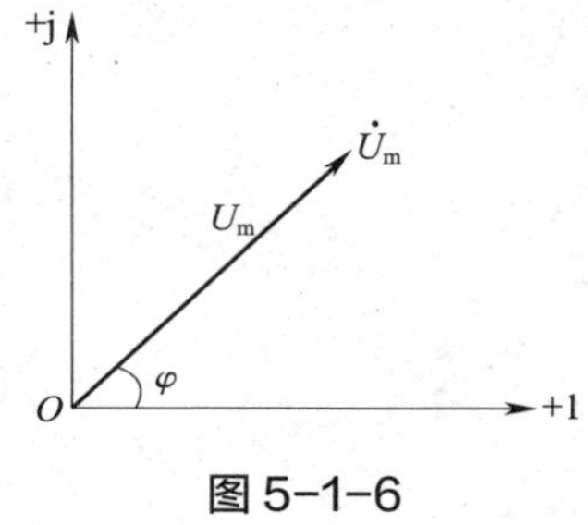

图 5–1–6

旋转相量在纵轴上的投影按正弦规律变化，因此，相量和正弦量之间存在着一一对应的关系，两者不存在等号关系，即 $\dot{E} \neq E_m\sin(\omega t+\varphi_0)$。有效值相量（$\dot{E}$、$\dot{U}$、$\dot{I}$）的长度代表有效值。最大值相量（$\dot{E}_m$、$\dot{U}_m$、$\dot{I}_m$）的长度代表最大值。在相量图上，正弦量应用相量符号表示，如 $\dot{U}$、$\dot{I}$等，绝不能用瞬时值（如 u、i 等）、有效值（如 U、I 等）或最大值（如 U_m、I_m）表示。

课堂练习

（1）正弦交流电流 $i_1=5\sin\omega t$ A，$i_2=5\sin(\omega t+90°)$ A，试在表 5-1-4 中画出它们的波形图和相量图。

表 5-1-4

解析式	$i_1=5\sin\omega t$ A	$i_2=5\sin(\omega t+90°)$ A
波形图	i/A, 0, ωt	i/A, 0, ωt
相量图		

（2）在图 5-1-7 所示相量图中，已知 U=20 V，I_1=10 A，$I_2=5\sqrt{2}$ A，可得它们的解析式分别为

u=________________V。

i_1=________________A。

i_2=________________A。

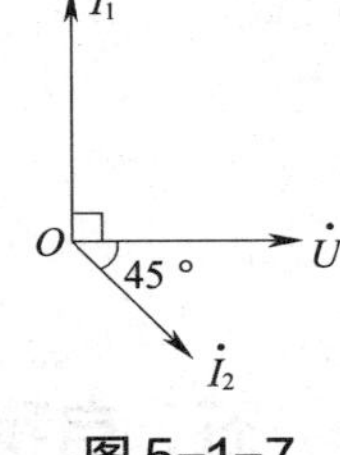

图 5-1-7

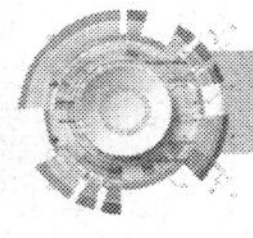

课题小结

（1）大小和方向都按正弦规律变化的交流电称为________________。

（2）瞬时值、最大值、有效值和平均值。

交流电在任意时刻的值称为瞬时值。

最大瞬时值称为交流电的最大值。

让交流电和某一直流电通过同样阻值的电阻，如果它们在一个周期内产生的热量相

等，就把这一直流电的数值称为这个交流电的________。交流电的有效值和最大值之间的关系为有效值 =________最大值。

例如，$E=\dfrac{E_m}{\sqrt{2}}=0.707E_m$，$U=\dfrac{U_m}{\sqrt{2}}=0.707U_m$，$I=\dfrac{I_m}{\sqrt{2}}=0.707I_m$。

通常所说交流电的大小都是指________，一般交流电表所测电流或电压的数值，也都是交流电的________。

平均值是指正弦交流电在___________内所有瞬时值的平均大小。

（3）周期、频率和角频率。

周期、频率和角频率都是用来表示_______________的物理量，它们之间的关系为 $T=\dfrac{1}{f}$，$\omega=\dfrac{2\pi}{T}=2\pi f$。

（4）相位、初相位和相位差。

相位、初相位和相位差是用来比较交流电变化的物理量。

例如，$i_1=\sin(\omega t+\varphi_{01})$，$i_2=\sin(\omega t+\varphi_{02})$，式中 $\omega t+\varphi_{01}$、$\omega t+\varphi_{02}$ 分别为 i_1 和 i_2 的_________，φ_{01} 和 φ_{02} 分别为 i_1 和 i_2 的_________。i_1 和 i_2 频率相等，所以相位差就等于它们的_________之差，即 φ=_________。

（5）交流电的三种表示方法。

1）某正弦交流电的波形图如图 5-1-8 所示。

2）某正弦交流电的相量图如图 5-1-9 所示。

3）某正弦交流电的解析式为 $e=10\sin(\omega t+30°)$ V。

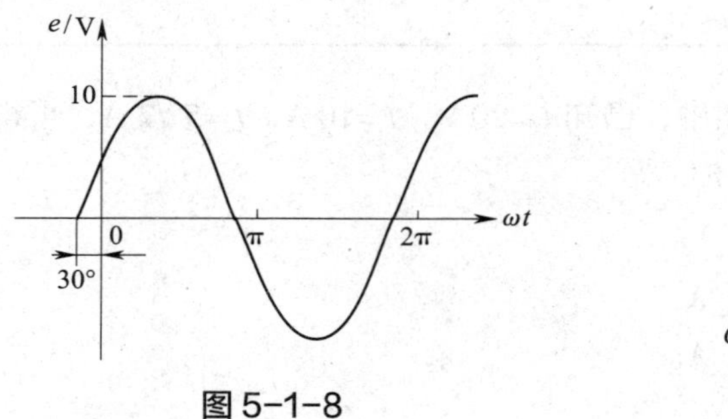

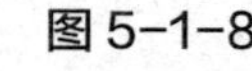

图 5-1-8

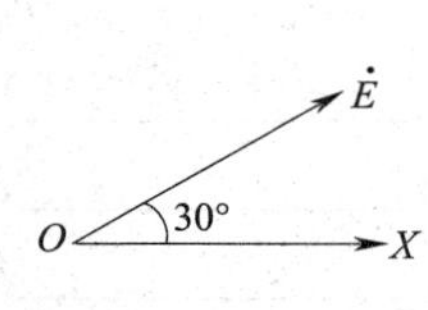

图 5-1-9

五、自我检测

1. 填空题

（1）直流电的方向________时间的变化而变化；交流电的方向________时间的变化而变化，正弦交流电则是大小和方向按___________变化的交流电。

（2）交流电的周期是指交流电___________________所需的时间，用符号________表示，其单位为________；交流电的频率是指交流电___________________的次数，用符号________表示，其单位为________。它们的关系是________。

（3）我国动力和照明用电的标准频率为________Hz，习惯上称为工频，其周期是________s，角频率是________rad/s。

（4）正弦交流电的三要素是________、________和________。

（5）已知一正弦交流电流 $i=\sin\left(314t-\frac{\pi}{4}\right)$ A，则该交流电的最大值为________，有效值为________，频率为________，周期为________，初相位为________。

（6）把阻值为 R 的电阻接入 2 V 的直流电路中，它消耗的功率为 P。如果把阻值为 $R/2$ 的电阻接到最大值为 2 V 的交流电路中，它消耗的功率为________。

（7）常用的表示正弦量的方法有____________、____________和____________。

（8）作相量图时，通常取________时针转动的角度为正。同一相量图中，各正弦量的________应相同。

（9）用相量表示正弦交流电后，它们的加、减运算可按______________法则进行。

2．判断题

（1）正弦交流电的三要素是指有效值、频率和周期。（　　）

（2）用交流电压表测得交流电压是 220 V，则此交流电压的最大值是 380 V。（　　）

（3）一只额定电压为 220 V 的白炽灯，可以接到最大值为 311 V 的交流电源上。（　　）

（4）用交流电表测得的交流电的数值是平均值。（　　）

3．选择题

（1）交流电的周期越长，说明交流电变化得（　　）。

A．越快　　B．越慢　　C．无法判断

（2）已知一交流电流，当 $t=0$ 时，$i_0=1$ A，初相位为 30°，则这个交流电的有效值为（　　）A。

A．0.5　　B．1.414　　C．1　　D．2

（3）某正弦交流电压波形如图 5-1-10 所示，其瞬时值表达式为（　　）V。

A．$u=10\sin\left(\omega t-\frac{\pi}{2}\right)$

B．$u=-10\sin\left(\omega t-\frac{\pi}{2}\right)$

C．$u=10\sin\omega t$

D．$u=-10\sin\omega t$

图 5-1-10

（4）已知两个正弦量为 $u_1=20\sin\left(314t+\frac{\pi}{6}\right)$ V，$u_2=40\sin\left(314t+\frac{\pi}{3}\right)$ V，则（　　）。

A．u_1 比 u_2 超前 30°　　B．u_1 比 u_2 滞后 30°

C．u_1 比 u_2 超前 90°　　D．不能判断相位差

（5）已知两个正弦量为 $i_1=10\sin(314t-90°)$ A，$i_2=10\sin(628t-30°)$ A，则（　　）。

A. i_1 比 i_2 超前 60°　　B. i_1 比 i_2 滞后 60°

C. i_1 比 i_2 超前 90°　　D. 不能判断相位差

（6）在图 5-1-11 所示相量图中，交流电压 u_1 和 u_2 的相位关系是（　　）。

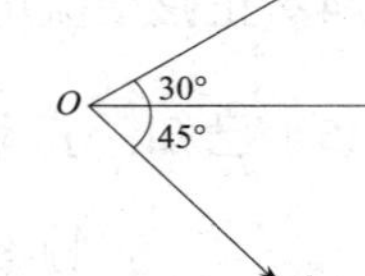

图 5-1-11

A. u_1 比 u_2 超前 75°　　B. u_1 比 u_2 滞后 75°

C. u_1 比 u_2 超前 30°　　D. 无法确定

4. 问答题

（1）让 8 A 的直流电流和最大值为 10 A 的交流电流分别通过阻值相同的电阻，则相同时间内，哪个电阻产生的热最大？为什么？

（2）某电容器只能承受 1 000 V 的直流电压，该电容器能否接到有效值为 1 000 V 的交流电路中使用？为什么？

（3）手电钻的电源是单相交流电，为什么用三根导线？它们各有什么作用？

5. 计算题

（1）图 5-1-12 所示是一个按正弦规律变化的交流电流的波形图，试根据波形图说出它的周期、频率、角频率、初相位、有效值，并写出它的解析式。

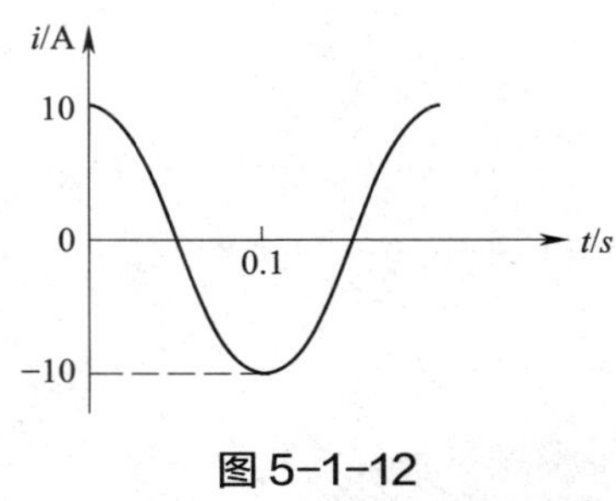

图 5-1-12

（2）画出下列两组正弦量的相量图，并求其相位差，指出它们的相位关系。

1）$u_1=20\sin\left(314t+\frac{\pi}{6}\right)$ V，$u_2=40\sin\left(314t-\frac{\pi}{3}\right)$ V

2）$i_1=4\sin\left(314t+\frac{\pi}{2}\right)$ A，$i_2=8\sin\left(314t-\frac{\pi}{2}\right)$ A

（3）已知正弦交流电流 $i_1=4\sqrt{2}\sin\left(100\pi t+\frac{\pi}{6}\right)$ A，$i_2=4\sqrt{2}\sin\left(100\pi t-\frac{\pi}{3}\right)$ A，试在同一坐标上画出其相量图，并计算下题。

1）i_1+i_2

2）i_1-i_2

课题二　纯电阻交流电路

在纯电阻交流电路中，电流与电压之间也符合欧姆定律吗？瞬时功率和有功功率有什么不同？

一、学习目标

完成本课题的学习后，应能够：

1. 掌握纯电阻交流电路中电流与电压的数量关系和相位关系。
2. 理解纯电阻交流电路中瞬时功率和有功功率的概念。

二、重点难点

重点：纯电阻交流电路中，电流与电压的数量关系和相位关系。

难点：纯电阻交流电路中，瞬时功率和有功功率的概念。

三、知识结构

纯电阻交流电路 → 电流与电压的数量关系 / 电流与电压的相位关系 → 瞬时功率和有功功率 → 电阻的耗能特性

四、学练过程

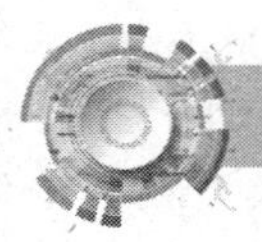

知识点 1　纯电阻交流电路

在交流电路中，如果只考虑电阻的作用，则这种电路可近似地看作纯电阻交流电路。

要点提示

交流电路中的基本元件是电阻、电感和电容。但在实际电路中，这些元件的电磁特性是比较复杂的。例如，绕线电阻会有电感效应，电感线圈之间会有电容效应，电感和电容又都有电阻损耗。如果将这些电磁特性都加以考虑，电路分析会变得非常烦琐，甚至无法进行。为此在分析电路时，常常忽略各元件的次要特性，只考虑它的主要特性。所谓纯电阻、纯电感、纯电容都是这样一种理想化的单一参数元件。

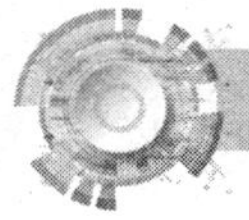

知识点 2 纯电阻交流电路中电流与电压的数量关系

纯电阻交流电路中电流与电压之间的数量关系符合欧姆定律。

动手做

探究电流与电压的数量关系

- **实验器材**

低频信号发生器 1 台，电阻 1 个，交流电流表 1 个，交流电压表 1 个等。

- **实验过程**

按图 5–2–1 所示连接电路，改变低频信号发生器的输出电压和频率，测量相应的电流值，将实验结果填入表 5–2–1。

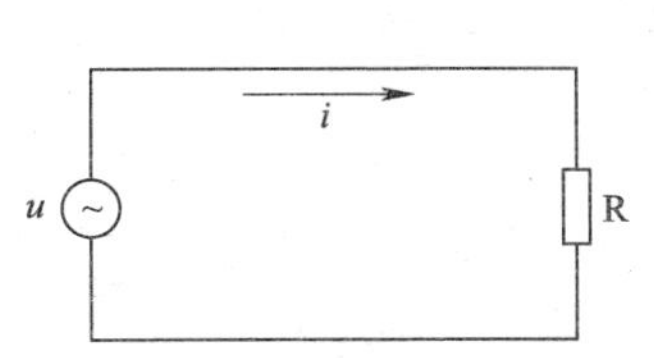

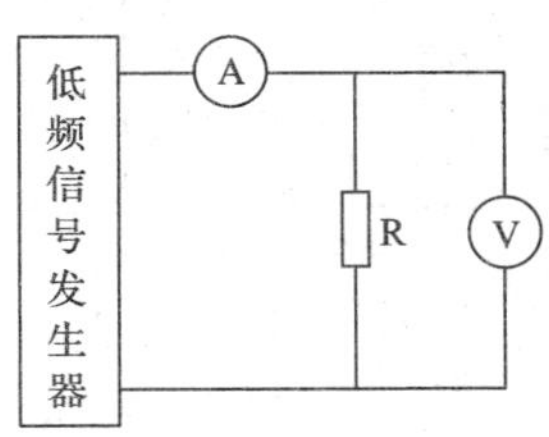

图 5–2–1

表 5–2–1

信号频率 / kHz	信号电压 /V	电流 /mA	电压与电流的比值 /Ω
1	2		
	3		
	5		
10	2		
	3		
	5		

● 分析归纳

（1）电流与电压成正比，比值等于电阻的阻值。

（2）当电压大小一定时，电流的大小与频率无关。

（3）电流与电压的有效值之间、最大值之间都符合欧姆定律。

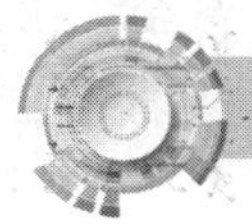

知识点 3　纯电阻交流电路中电流与电压的相位关系

纯电阻交流电路中电流与电压的相位相同。

动手做

探究电流与电压的相位关系

● 实验器材

低频信号发生器 1 台，电阻 2 个，双踪示波器 1 台等。

● 实验过程

按图 5–2–2 所示连接电路，选用 1 kHz、3 V 的交流信号，观察双踪示波器波形，并描画出波形图。

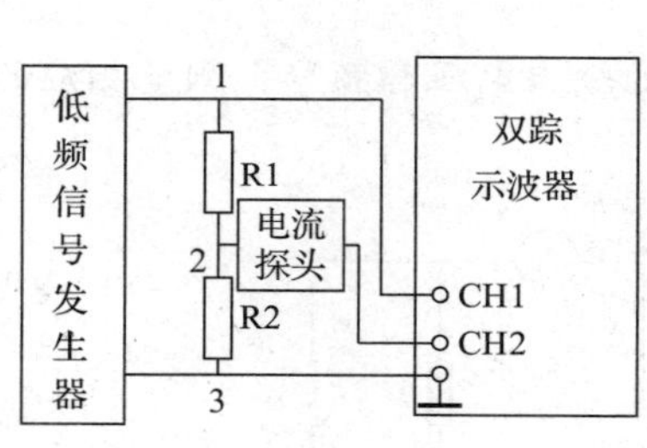

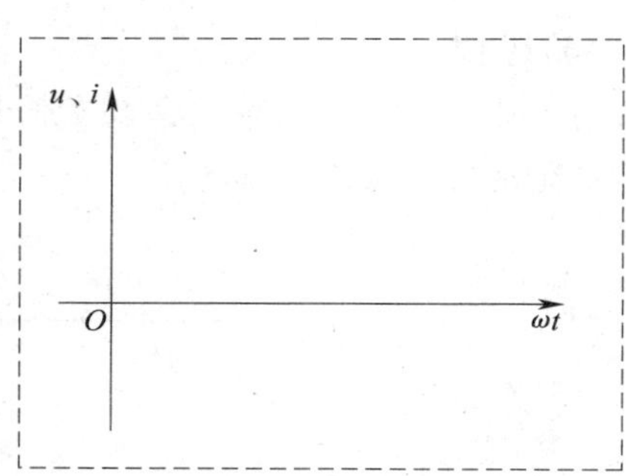

图 5–2–2

课堂练习

（1）观察图 5–2–2 中描画的波形图可知，电阻中通过的电流与加在电阻两端的电压，频率________（相同 / 不同），相位________（相同 / 不同）。

（2）电流与电压的瞬时值之间________（符合 / 不符合）欧姆定律。

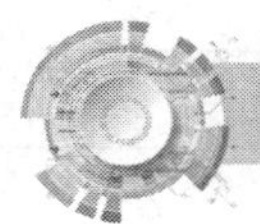

知识点 4　功率

瞬时功率：任一瞬间，电阻中电流和加在电阻两端的电压的乘积。

平均功率：电阻在交流电一个周期内消耗的功率的平均值，又称有功功率。

要点提示

（1）平均功率用电阻在交流电一个周期内消耗的功率的平均值来表示大小，因为它是电阻实际消耗的功率，所以又称有功功率。

（2）由功率曲线图可见，瞬时功率 p 总是正值，说明电阻总是消耗功率，电阻是一种耗能元件。

（3）交流电瞬时功率的大小随时间不断变化，但在处理实际问题时，往往只需知道它的平均效果，即有实际意义的不是瞬时功率而是平均功率。因此，平均功率与有效值有着密切的关系。平均功率的计算的式为 $P=UI$，式中 U 和 I 皆为有效值。

课堂练习

（1）根据图 5-2-3 中 u 和 i 的波形图，画出瞬时功率曲线，并观察纯电阻交流电路的瞬时功率曲线有何特点。

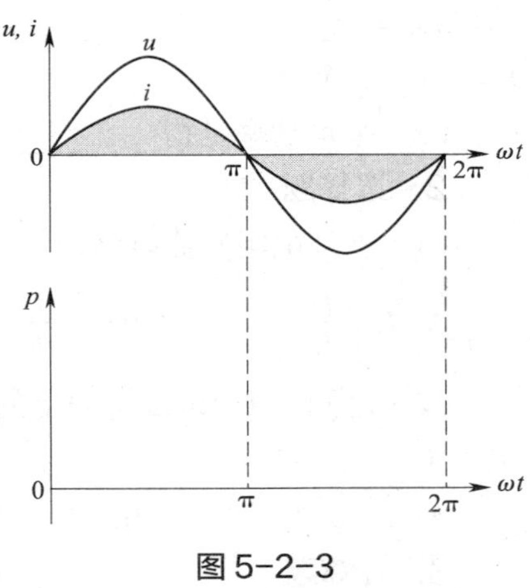

图 5-2-3

（2）已知某白炽灯的额定参数为 220 V/100 W，其两端所加电压为 $u=220\sqrt{2}\sin 314t$ V。试求：

1）交流电流的频率；

2）白炽灯的工作电阻；

3）白炽灯的有功功率。

课题小结

在纯电阻交流电路中：

（1）电流与电压的相位________（相同 / 不相同）。

（2）电压与电流的最大值、有效值和瞬时值之间都符合欧姆定律，即 I_m=________，I=________，i=________。

（3）电阻是耗能元件，其平均功率等于电阻两端电压有效值与电流有效值的乘积，即 P=________=________=________。

五、自我检测

1. 填空题

（1）在纯电阻交流电路中，电压有效值与电流有效值之间的关系为____________，电压与电流在相位上的关系为________。

（2）在纯电阻交流电路中，已知端电压 $u=311\sin(314t+30°)$ V，其中 $R=1\,000\ \Omega$，那么电流 i= ____________________，电压与电流的相位差 φ=________，电阻上消耗的功率 P=________W。

（3）平均功率是指____，又称为________。

2. 选择题

（1）在纯电阻交流电路中，下列关系式正确的是（　　）。

A. $I_m=\dfrac{U}{R}$　　B. $I=\dfrac{U}{R}$　　C. $i=\dfrac{U}{R}$　　D. $I=\dfrac{U_m}{R}$

（2）已知一个 10 Ω 电阻上的电压为 $u=20\sqrt{2}\sin(314t+60°)$ V，则这个电阻消耗的功率为（　　）W。

A. 2　　B. 40　　C. 200　　D. 400

3. 计算题

将一个额定参数为 220 V/500 W 的电炉，接到 $u=220\sqrt{2}\sin(\omega t+\frac{2}{3}\pi)$ V 的电源上，求流过电炉的电流解析式，并画出电压、电流相量图。

课题三 纯电感交流电路

电视机中的扼流圈、电风扇中的调速器等都是电感线圈，那么在交流电路中，电感与电阻的作用有什么不同?

纯电感交流电路与纯电阻交流电路又有什么不同?

一、学习目标

完成本课题的学习后，应能够：

1. 了解电感器的结构和类型，理解电感的概念。
2. 了解感抗的概念及影响感抗大小的因素。
3. 掌握纯电感交流电路中电流与电压的数量关系和相位关系。
4. 理解纯电感交流电路中瞬时功率、平均功率和无功功率的概念。

二、重点难点

重点：（1）电感对交流电的作用。

（2）纯电感交流电路中，电流与电压的数量关系和相位关系。

难点：（1）纯电感交流电路中，电流与电压的相位关系。

（2）无功功率。

三、知识结构

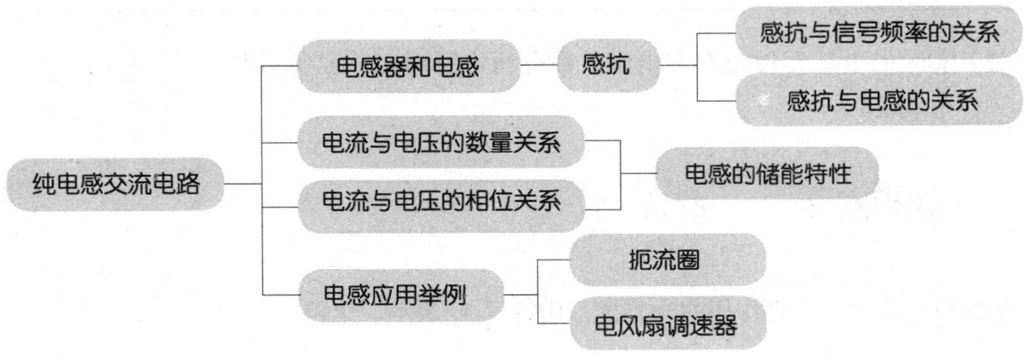

四、学练过程

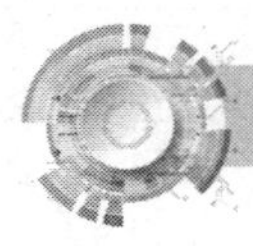

知识点 1　电感器的结构、类型和符号

电感器抵抗电流变化的能力称为电感，它反映了电流以 1 A/s 的变化速率通过电感器时，所能产生的感应电动势的大小。

品质因数 Q 是衡量电感器储存能量损耗率的物理量。

课堂练习

（1）说出表 5-3-1 中电感器的类型，并画出相应的图形符号。

表 5-3-1

实物	类型	图形符号

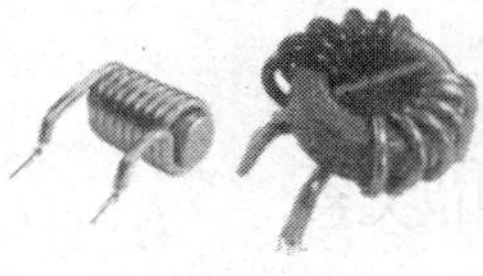		
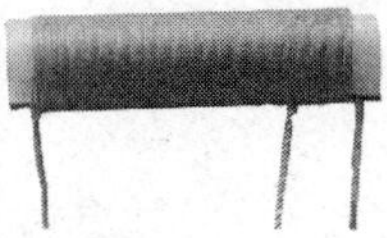		

（2）实际的电感元件也存在电阻，在分析电路时可将其等效为一个________与一个________相串联。

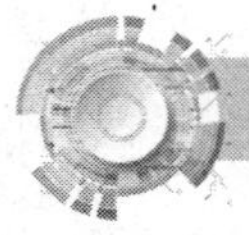

知识点 2　感抗

电感对交流电的阻碍作用称为感抗，用符号 X_L 表示，单位也是 Ω。

感抗计算式：

$$X_L=\omega L=2\pi fL$$

动手做

探究电感对交流电的阻碍作用

● **实验器材**

低频信号发生器 1 台，直流稳压电源 1 台，双极开关 1 个，电阻 2 个（51 Ω 1 个，100 Ω 1 个），电感线圈 1 个，直流电流表（0~100 mA）2 个，交流电流表（0~100 mA）2 个等。

● **实验过程**

（1）探究电感对直流电流和交流电流的阻碍作用。

1）如图 5–3–1 所示，测量线圈的直流电阻，约为 50 Ω，为了限制电流，再串接电阻 R2（51 Ω）。

2）取 100 Ω 电阻 R1 与线圈支路并联。

3）将两个直流电流表分别接入两个支路。

4）接通 5 V 直流电源，观察直流电流表读数并记录在表 5–3–2 中。

5）将实验电路改接为由 5 V/1 kHz 交流电源供电（由低频信号发生器提供），并改接交流电流表。观察交流电流表读数并记录在表 5–3–2 中。

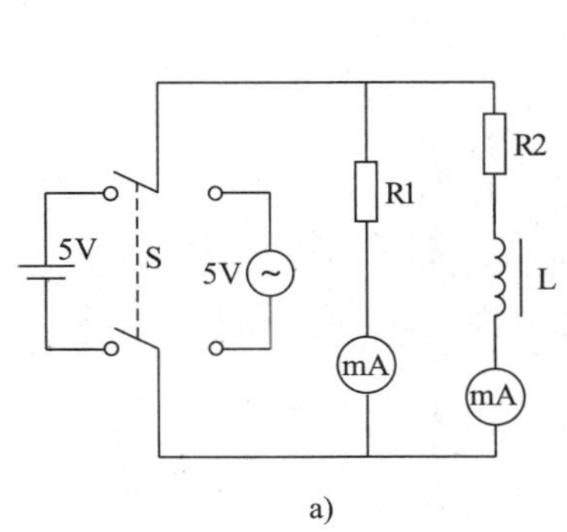

a)

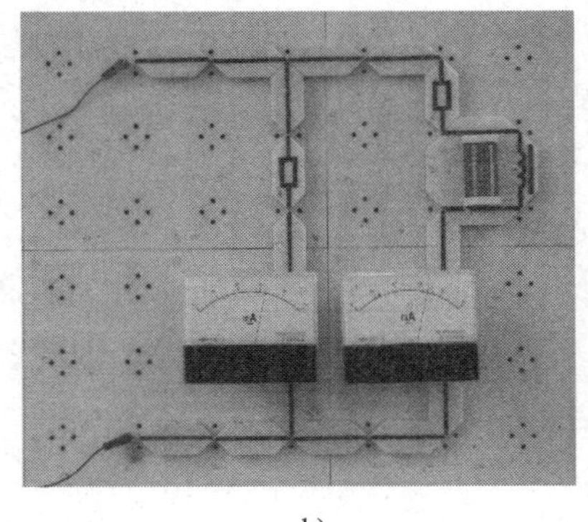

b)

图 5–3–1

表 5–3–2

电源电压	直流 5 V	交流 5 V/1 kHz
电阻支路电流 /mA		
电感支路电流 /mA		

● **分析归纳**

线圈对直流电流的阻碍作用是电阻，而对交流电流的阻碍作用除了电阻之外，还有电感的感抗。

（2）探究感抗的大小与哪些因素有关。

1）仍用原实验电路，电源电压仍为 5 V/1 kHz，将铁芯插入线圈，观察电感支路电流表读数并记录在表 5–3–3 中。

2）取出铁芯，在保持电源电压 5 V 不变的条件下，将频率由 1 kHz 改为 5 kHz（注意幅度保持不变），观察电感支路电流表读数并记录在表 5–3–3 中。

3）插入铁芯，观察电感支路电流表读数并记录在表 5–3–3 中。

表 5–3–3

交流电源		5 V/1 kHz	5 V/5 kHz
电感支路电流 /mA	空心线圈		
	带铁芯的线圈		

● **分析归纳**

信号频率不变，将线圈插入铁芯时，电流变小，说明线圈的自感系数越大，感抗也越大。线圈不变，提高信号频率时，电流也变小，说明信号频率越高，线圈的感抗也越大。

课堂练习

（1）X_L 与频率的关系：

$f=0 \rightarrow X_L=$________。

$f\uparrow \rightarrow X_L$________（↑ / ↓）。

$f\downarrow \rightarrow X_L$________（↑ / ↓）。

结论：电感具有________（通 / 阻）直流，________（通 / 阻）交流，________（通 / 阻）低频，________（通 / 阻）高频的特性。因此，电感也称________元件。

（2）感抗 X_L 与 R 有何异同点？

知识点 3　纯电感交流电路中电流与电压的数量关系

在纯电感交流电路中，电流与电压成正比，与感抗成反比，符合欧姆定律，即：

$$I=\frac{U}{X_L}$$

动手做

探究电流与电压的数量关系

● **实验器材**

低频信号发生器 1 台，电感线圈 1 个，交流电流表 1 个，交流电压表 1 个等。

● **实验过程**

按图 5-3-2 连接电路，在保证交流电源频率（1 kHz）一定的条件下，改变交流电源的电压值及电感值，测量相应电流值，将实验结果填入表 5-3-4。

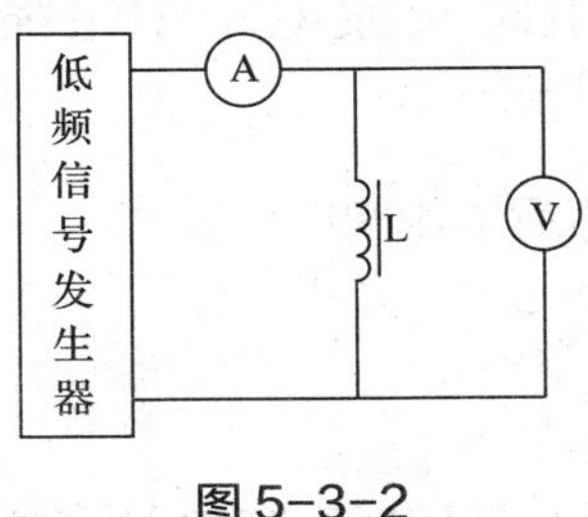

图 5-3-2

表 5-3-4

电感	电压 /V	电流 /mA	电压与电流的比值 /Ω
空心线圈			
带铁芯的线圈			

要点提示

（1）实验的目的是验证纯电感交流电路中电流与电压的关系是否符合欧姆定律，而不是严格的推导和证明。

（2）在纯电感交流电路中，电感对交流电流的阻碍作用体现为感抗 X_L，电压和电流的最大值、有效值与感抗之间符合欧姆定律，但电流与电压的瞬时值并不符合欧姆定律。

课堂练习

根据表 5-3-4 中数据及交流电源频率估算电感线圈的电感。

（1）空心线圈：________________。

（2）带铁芯的线圈：________________。

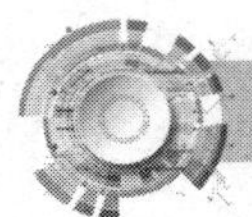

知识点 4　纯电感交流电路中电流与电压的相位关系

在纯电感交流电路中，电流滞后电压 90°。

动手做

用示波器观察电流与电压的相位关系

● **实验器材**

低频信号发生器 1 台，电感线圈 1 个，电阻 1 个，双踪示波器 1 台等。

● **实验过程**

（1）在图 5-3-3a 所示虚线框中绘制实验接线图，并按图接线。

（2）用双踪示波器观察电感线圈和电阻上的电压波形。

（3）在图 5-3-3b 中画出电感线圈的电压和电流波形图。

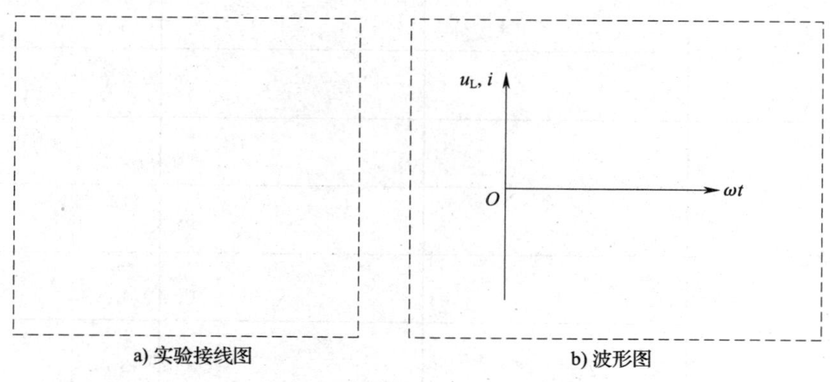

a) 实验接线图　　b) 波形图

图 5-3-3

课堂练习

（1）实验电路中，输入双踪示波器 CH1 通道的是________（u_L/u_R），输入 CH2 通道的是________（u_L/u_R）。

（2）实验电路中，为什么要串接电阻 R？

（3）实验电路中，为什么要按下 CH2 改变极性按键？如果不按下 CH2 改变极性按键，双踪示波器上会显示怎样的波形？描画出波形图，并与按下 CH2 改变极性按键的波形图进行比较，说明为什么有这样的不同（如果所用双踪示波器无改变极性功能，可不设此项）。

要点提示

（1）从电流和电压的波形图可以直接看出，电流 i 滞后于电压 u_L 90°。

（2）从线圈的自感现象看，线圈有阻碍电流变化的作用，所以 i 的变化落后于 u_L 的变化。

（3）由 $u_L=L\dfrac{\Delta i}{\Delta t}$可知，当电流过零时，$\dfrac{\Delta i}{\Delta t}$最大；当电流达到最大值时，$\dfrac{\Delta i}{\Delta t}$最小，恰好电流滞后电压 90°。

课堂练习

在纯电感交流电路中，电流滞后电压 90°，是否意味着电路中先有电压后有电流？

知识点 5 无功功率

通常用瞬时功率的最大值来反映电感与电源之间转换能量的规模，称为电感的无功功率，用 Q_L 表示。

课堂练习

（1）瞬时功率。

1）根据 u_L 和 i 的波形图，在图 5-3-4 中画出瞬时功率曲线，并标明正负。

比较纯电感交流电路和纯电阻交流电路的瞬时功率曲线，简述二者的异同点。

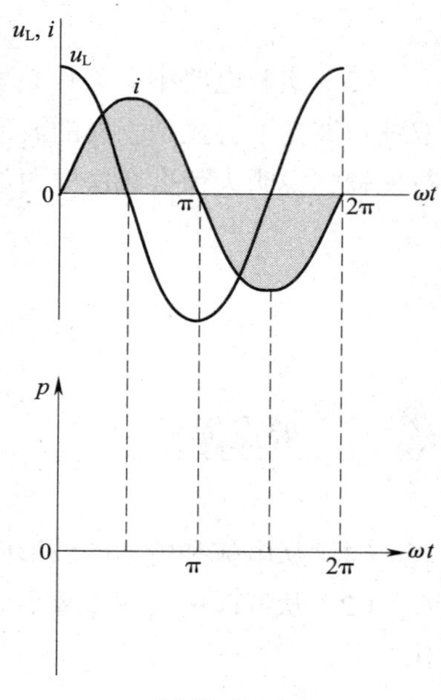

图 5-3-4

2）瞬时功率正负值的含义。

瞬时功率 p 为正值，说明电感________（吸收 / 释放）功率。

瞬时功率 p 为负值，说明电感________（吸收 / 释放）功率，同时也说明电感与________之间进行着能量的交换。

（2）有功功率（平均功率）。

纯电感交流电路在一个周期内的有功功率 P=0。这说明，纯电感交流电路吸收的功率和释放的功率________（相等 / 不相等），纯电感________（消耗 / 不消耗）功率，它是一种________元件。

（3）无功功率。

无功功率用 Q_L 表示，单位为 var 或 kvar，计算式为

$$Q_L=U_LI=I^2X_L=\frac{U_L^2}{X_L}$$

观察配电柜有功功率表和无功功率表，有功功率表的读数为________，无功功率表的读数为________。

要点提示

（1）无功功率并不是“无用功率”，它是感性负载和容性负载所必需的。电路中只要

有感性负载或容性负载，就必然要与电源之间发生能量交换。

（2）如果电路中既有感性负载，又有容性负载，则它们相互之间也发生能量交换。

（3）无功功率只表明能量交换的规模，即瞬时功率的最大值，并不等于单位时间内互换了多少能量。

课堂练习

（1）有哪些电气设备是利用无功功率实现电磁转换而进行工作的？

（2）一个 0.7 mH 的电感线圈，电阻可以忽略不计。

1）将它接在 22 V/1 kHz 的交流电源上，求流过电感线圈的电流和电路的无功功率。

2）若电源频率为 10 kHz，其他条件不变，流过电感线圈的电流将如何变化？

课题小结

（1）电感对交流电流的阻碍作用用感抗表示，感抗 X_L=________=________。

（2）在纯电感交流电路中，电流与电压的最大值及有效值之间符合欧姆定律，即 I=________；电流与电压的瞬时值之间________（符合 / 不符合）欧姆定律。

（3）在纯电感交流电路中，电流滞后电压________，电压 u_L 与电流的________成正比。

（4）电感是________（储能 / 耗能）元件，其有功功率为________。

（5）无功功率等于____________与____________的乘积，在数值上等于________的最大值，它反映了________与________之间转换能量的规模。

五、自我检测

1．填空题

（1）纯电感交流电路中，电压有效值与电流有效值之间的关系为________，电压与电流在相位上的关系为__________________。

（2）感抗表示____________________________，感抗与频率成_______比，其值X_L=____________，单位是_______。若线圈的电感为0.6 H，把线圈接在频率为50 Hz的交流电路中，X_L=_______Ω。

（3）纯电感交流电路中，有功功率P=_______，无功功率Q_L与电流I、电压U_L、感抗X_L的关系为Q_L=_______=_______=_______。

（4）一个纯电感线圈接在直流电源上时，其感抗X_L=_______Ω，电路相当于_______。

（5）在正弦交流电路中，已知流过电感元件的电流I=10 A，电压$u=20\sqrt{2}\sin 1\,000t$ V，则电流i=__________________A，感抗X_L=_______Ω，电感L =_______H，无功功率Q_L=_______var。

2. 判断题

（1）在同一交流电压作用下，电感L越大，电感中的电流就越小。（　）

（2）正弦交流电路中，电感元件上电压最大时，瞬时功率却为零。（　）

3. 问答题

纯电感交流电路中，$\frac{U}{I}=X_L$，$\frac{U_m}{I_m}=X_L$，为什么$\frac{u}{i}\neq X_L$？

4. 计算题

（1）将一个L=0.5 H的线圈接到220 V/50 Hz的交流电源上，求线圈中的电流和功率。当电源频率变为100 Hz时，其他条件不变，线圈中的电流和功率又是多少？

（2）已知一个电感线圈通过50 Hz的电流时，其感抗为10 Ω，电压和电流的相位差为90°，当频率升高至500 Hz时，其感抗是多少？电压与电流的相位差又是多少？

（3）把电感为 10 mH 的线圈接到 $u=141\sin\left(314t-\frac{\pi}{6}\right)$ V 的电源上。

1）求线圈中电流的有效值。

2）写出电流瞬时值表达式。

3）画出电流和电压相应的相量图。

4）求电路的无功功率。

课题四　纯电容交流电路

家用吊扇和洗衣机的单相电动机都要有启动电容才能旋转，这是为什么?

一、学习目标

完成本课题的学习后，应能够：

1. 了解电容器的结构和类型，理解电容量的概念。
2. 了解容抗的概念及影响容抗大小的因素。
3. 掌握纯电容交流电路中电流与电压的数量关系和相位关系。
4. 理解纯电容交流电路中有功功率、无功功率和视在功率的概念。

二、重点难点

重点：（1）电容对交流电的作用。

（2）纯电容交流电路中电流与电压的数量关系和相位关系。

难点：（1）纯电容交流电路中电流与电压的相位关系。

（2）电容的储能特性。

三、知识结构

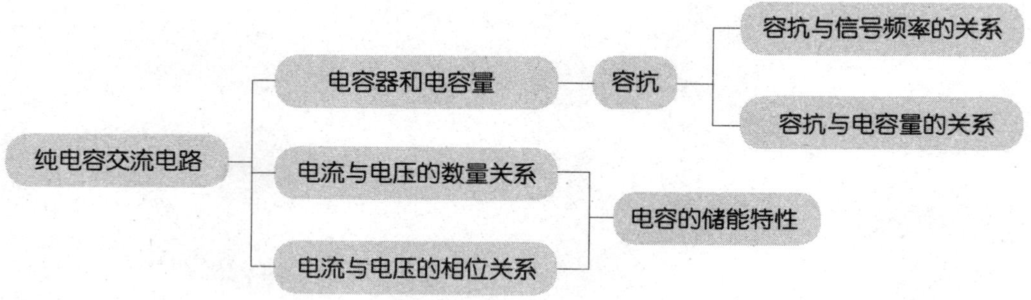

四、学练过程

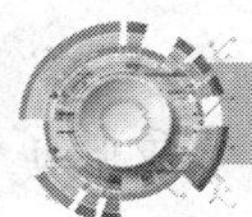

知识点 1　电容器的结构、类型和符号

电容器的主要结构为极板和介质。

课堂练习

（1）说出表 5-4-1 中电容器的名称，并画出相应的图形符号。

表 5-4-1

实物	名称	图形符号

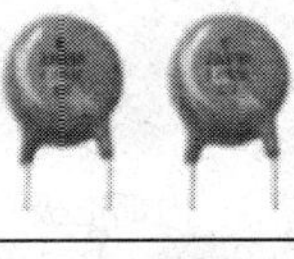		

（2）实际的电容元件也存在电阻，在分析电路时可将其等效为一个__________与一个__________相并联。

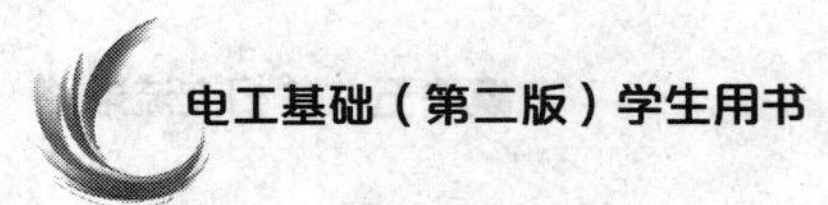

知识点 2 电容器的主要参数

电容量在数值上等于电容器在单位电压作用下所存储的电荷量，即 $C=\dfrac{Q}{U}$，它反映了电容器存储电荷的能力。

平行板电容器的电容量 $C=\varepsilon\dfrac{S}{d}$，式中 S、d、C 的单位分别是 $\mathrm{m^2}$、m、F，介电常数 ε 的单位是 F/m。

电容器的额定电压（也称耐压）是指在规定温度范围内，可以连续加在电容器上而不损坏电容器的最大直流电压或交流电压的有效值。

要点提示

（1）对于结构一定的电容器，其电容量是一个客观存在的量，只与电容器的几何形状和介质有关，而与所存储电荷量的多少及电压的高低无关。这与水桶相似，水桶的容积是由自身的形状决定的，与现在用它装了多少水无关。

（2）电容量用符号 C 表示，电容量的单位是 F，常用单位为 μF、pF，它们之间的换算关系为 1 F ＝________μF ＝________pF。

（3）实际上任何两个导体之间都存在电容。例如，输电线之间、输电线与大地之间存在着电容，变压器绕组与铁壳之间存在着电容，三极管各电极之间也存在着电容，这些电容称为分布电容，一般数值较小，通常可忽略不计。

课堂练习

（1）图 5-4-1 所示贴片式多层陶瓷电容器为什么采用多层结构？

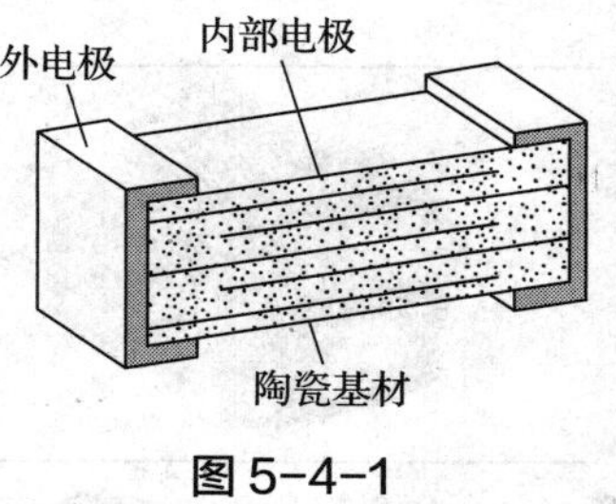

图 5-4-1

（2）电路板上焊接的电子元器件引脚都很短，这是为什么？

知识点 3 电容器的充电和放电

电容器的储能特性：电容器只与电源进行能量的转换，它本身并不消耗能量。

电容器充、放电达到稳态值所需要的时间与电路中 R 和 C 的大小有关，R 和 C 的乘积称为 RC 电路的时间常数，即 $\tau = RC$。

动手做

电容器的充电和放电

● **实验器材**

直流稳压电源 1 台，小灯泡（6 V）1 个，电容器（2 200 μF）1 个，电压表 1 个，电流表 1 个，单刀双掷开关 1 个等。

● **实验过程**

按图 5–4–2 连接电路，并根据图中开关位置填写表 5–4–2。

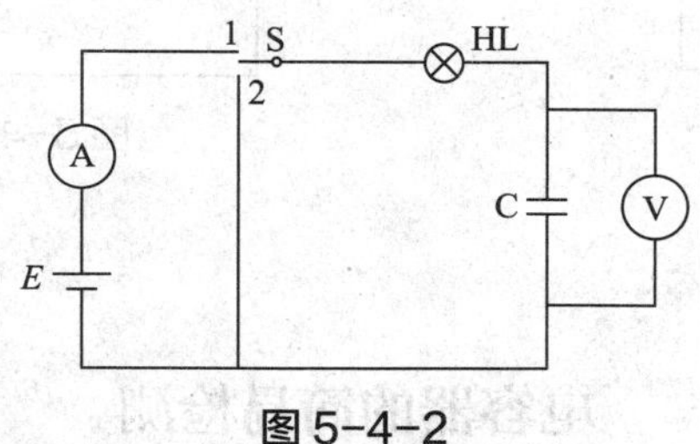

图 5–4–2

表 5–4–2

开关位置	电容器两端电压	灯泡亮灭	说明
置 1			
置 2			
在 1、2 之间迅速来回拨动			

分析实验可知，电容器两端的电压在充电过程中是________（逐渐 / 突然）升高的，在放电过程中是________（逐渐 / 突然）降低的。这也说明电容器两端电压的变化总是________（超前 / 滞后）于电流的变化。

要点提示

（1）当电容器充电时，随着电容器两端电压的增加，电容器从电源吸收能量储存起来；当电容器放电时，随着电容器两端电压的降低，又把原先储存的能量释放出来。

（2）理想电容器只与电源进行能量的转换，本身并不消耗能量，但实际的电容器与理想电容器有所不同。由于电容器极板之间的绝缘物不可能做到完全绝缘，特别是当工作电压较高时，总会有漏电流产生功率损耗。一个实际电容器可用一个电阻 R 与一个理想电容器 C 的并联电路来等效（见图 5–4–3），漏电流可以认为是从电阻 R 上流过的。

（3）时间常数 τ 越大，则充（放）电越慢，达到稳定状态所需的时间越长，这就是时间常数的物理意义。

（4）若充、放电回路的电阻值不同，则反映充、放电速度快慢的时间常数也就不相等。例如，在图 5–4–4 所示电路中，充电回路的时间常数为__________，放电回路的时间常数为__________。

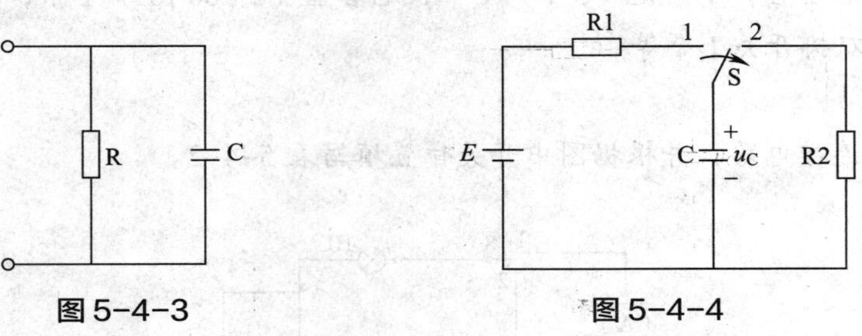

图 5–4–3　　图 5–4–4

动手做

电容器的简易检测

● **实验器材**

指针式万用表 1 个，不同规格型号的电容器若干等。

● **实验过程**

用指针式万用表检测电容器，并将检测结果填入表 5–4–3。

表 5–4–3

电容器	万用表转换开关位置	测量情况	判断质量好坏
6 800 pF 瓷片电容器			
100 μF 电解电容器			

知识点 4 容抗

电容器对交流电的阻碍作用称为容抗，用符号 X_C 表示，单位也是 Ω。

动手做

探究电容器对交流电的作用

● **实验器材**

低频信号发生器 1 台，直流稳压电源 1 台，电阻 1 个，电解电容器 3 个（1 μF、47 μF、100 μF 各 1 个），小灯泡 2 个，双极开关 1 个等。

● **实验过程**

（1）按图 5–4–5 所示连接实验电路，先接通 5 V 直流电源，观察灯泡发光情况，将结果填入表 5–4–4。

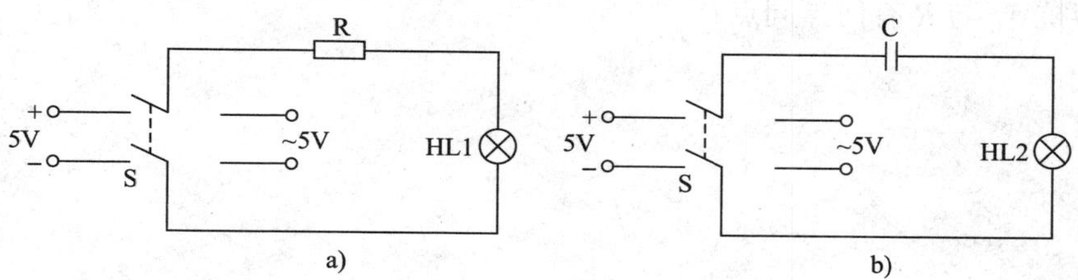

图 5–4–5

表 5–4–4

电源		电容量	灯泡发光情况
直流	5 V		
交流	5 V/1 kHz		
	5 V/10 kHz		

实验表明：直流电__________（能 / 不能）通过电容器。

（2）改接 5 V/1 kHz 交流电源，观察灯泡发光情况，将结果记入表 5–4–4。

（3）保持 5 V/1 kHz 交流电源不变，换用不同容量的电容器来做实验，观察灯泡发光情况并做好记录。

实验显示，电容量越大，灯泡越________（亮 / 暗），表明电容量越大，容抗越________（小 / 大）。

（4）保持电源电压 5 V 不变，所用电容器不变，改变频率，观察灯泡发光情况并做好记录。

实验显示，频率越高，灯泡越________（亮 / 暗），表明频率越高，电容器的容抗越________（小 / 大）。

容抗计算式为：

$$X_C=\frac{1}{\omega C}=\frac{1}{2\pi fC}$$

课堂练习

（1）X_C 与频率的关系：

$f=0 \rightarrow X_C=$________。

$f\uparrow \rightarrow X_C$________（↑ / ↓）。

$f\downarrow \rightarrow X_C$________（↑ / ↓）。

结论：电容器具有________直流，________交流，________低频，________高频的特性。因此，电容器也称为________元件。

（2）容抗 X_C 与 R 有何异同点？

知识点 5　纯电容交流电路中电流与电压的数量关系

在纯电容交流电路中，电流与电压成正比，与容抗成反比，符合欧姆定律，即

$$I=\frac{U}{X_C}$$

动手做

探究电流与电压的数量关系

● **实验器材**

低频信号发生器 1 台，交流电流表 1 个，交流电压表 1 个，电容器 3 个（1 μF、47 μF、100 μF 各 1 个）等。

● **实验过程**

按图 5-4-6 所示连接实验电路。在保证交流电源频率一定的条件下，改变交流电源的电压值及电容值，测量相应的电流值，将实验结果填入表 5-4-5。

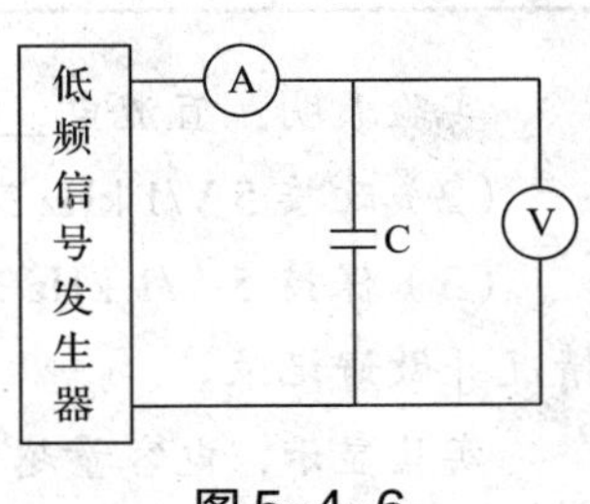

图 5-4-6

表 5-4-5

电容器	电压 / V	电流 /mA	电压与电流的比值 /Ω
1 μF 电容器			
47 μF 电容器			
100 μF 电容器			

要点提示

（1）实验的目的是验证纯电容交流电路中电流与电压的关系是否符合欧姆定律，而不是严格的推导和证明。

（2）在纯电容交流电路中，电容对交流电流的阻碍作用体现为容抗 X_C，电压和电流的最大值、有效值与容抗之间符合欧姆定律，但电流与电压的瞬时值并不符合欧姆定律。

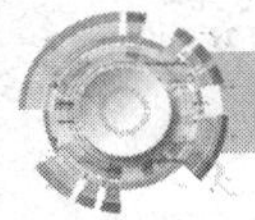

知识点 6　纯电容交流电路中电流与电压的相位关系

在纯电容交流电路中，电压滞后电流 90°。

动手做

用示波器观察电流与电压的相位关系

● **实验器材**

低频信号发生器 1 台，电容器 1 个，电阻 1 个，双踪示波器 1 台等。

● **实验过程**

（1）在图 5-4-7a 所示虚线框中绘制实验接线图，并按图接线。

（2）用双踪示波器观察电容器和电阻上的电压波形。

（3）在图 5-4-7b 中画出电容器的电压和电流波形图。

a) 实验接线图

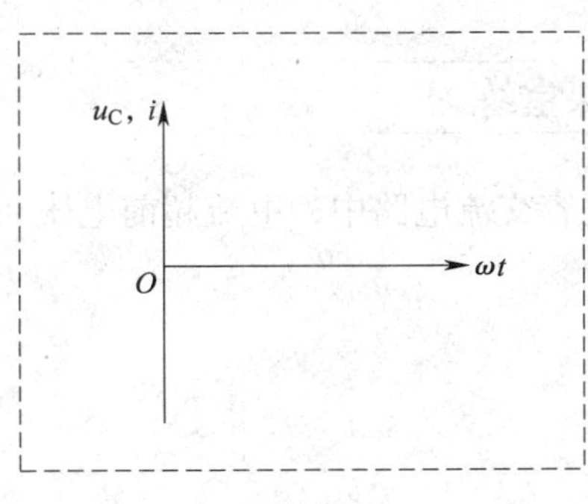

b）波形图

图 5-4-7

课堂练习

（1）实验电路中，输入双踪示波器 CH1 通道的是________（u_C/u_R），输入 CH2 通道的是________（u_C/u_R）。

（2）实验电路中，为什么要串接电阻 R？

（3）实验电路中，为什么要按下 CH2 改变极性按键？如果不按下 CH2 改变极性按键，双踪示波器上会显示怎样的波形？描画出波形图，并与按下 CH2 改变极性按键的波形图进行比较，说明为什么有这样的不同（如果所用双踪示波器无改变极性功能，可不设此项）。

要点提示

（1）从电流和电压的波形图可以直接看出，电流 i 超前电压 u_C 90°。

（2）从电容器的容抗看，电容器有阻碍电流变化的作用，所以 i 的变化超前于 u_C 的变化。

（3）由 $i=C\dfrac{\Delta u_C}{\Delta t}$ 可知，在 u_C 从零增加的瞬间，电压变化率 $\dfrac{\Delta u_C}{\Delta t}$ 最大，电流 i 的值也最大，随着电压的增加，电压变化率逐渐减小。当 u_C 达到最大值时，电压变化率 $\dfrac{\Delta u_C}{\Delta t}$ 为零，电流 i 也变为零，恰好电流超前电压 90°。

课堂练习

在纯电容交流电路中，电流超前电压 90°，是否意味着电路中先有电流后有电压？

知识点 7 无功功率

纯电容交流电路的无功功率为 $Q_C=U_CI=I^2X_C=\dfrac{U_C^2}{X_C}$。

课堂练习

（1）瞬时功率。

1）根据 u_C 和 i 的波形图，在图 5-4-8 中画出瞬时功率曲线，并标明正负。

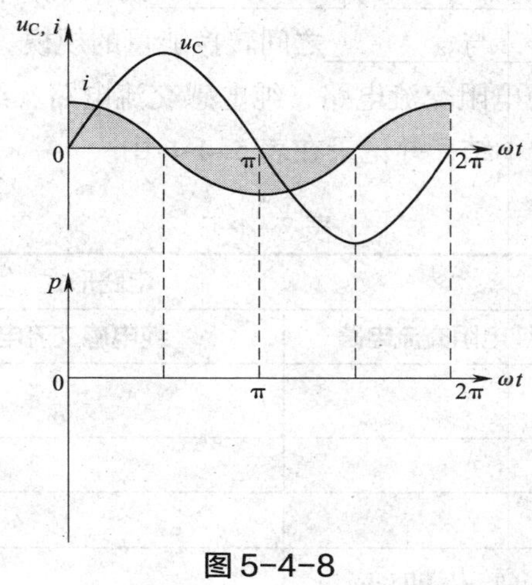

图 5-4-8

比较纯电容交流电路和纯电阻交流电路的瞬时功率曲线，简述二者的异同点。

2）瞬时功率正负值的含义。

瞬时功率 p 为正值，说明电容________（吸收 / 释放）功率。

瞬时功率 p 为负值，说明电容________（吸收 / 释放）功率，同时也说明电容与________之间进行着能量的交换。

（2）有功功率（平均功率）。

纯电容交流电路在一个周期内的有功功率 $P=0$。这说明，纯电容交流电路吸收的功率和释放的功率________（相等 / 不相等）。纯电容________（消耗 / 不消耗）功率，它也是一种________元件。

（3）无功功率。

无功功率用 Q_C 表示，单位为 var 或 kvar，计算式为

$$Q_C=U_CI$$

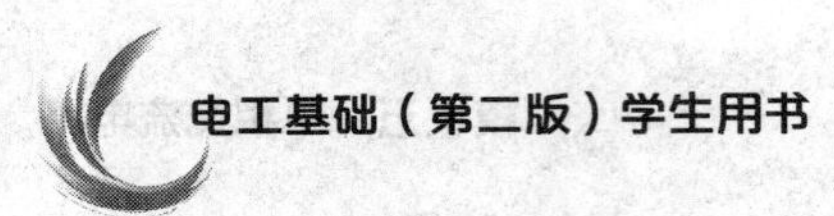

课题小结

（1）电容对交流电流的阻碍作用用容抗表示，容抗 X_C=________=________。

（2）在纯电容交流电路中，电流与电压的最大值及有效值之间符合欧姆定律，即 I=________；电流与电压的瞬时值之间________（符合 / 不符合）欧姆定律。

（3）在纯电容交流电路中，电流超前电压________，电流 i 与电压的________成正比。

（4）电容是________（储能 / 耗能）元件，其有功功率为________。

（5）无功功率等于____________与____________的乘积，在数值上等于____________的最大值，它反映了________与________之间转换能量的规模。

（6）以小组为单位对纯电阻交流电路、纯电感交流电路、纯电容交流电路中电压、电流和功率的关系作一个归纳小结，并记录在表 5-4-6 中。

表 5-4-6

项目		电路形式		
		纯电阻交流电路	纯电感交流电路	纯电容交流电路
对电流的阻碍作用				容抗 $X_C=\dfrac{1}{\omega C}$
电压与电流的关系	大小			
	相位			
解析式		$u=U_m\sin\omega t$ $i=I_m\sin\omega t$		
波形图			u_L, i；u；i；0；π；2π；ωt	
相量图				$\dot{I}$；$\dot{U}$
有功功率				
无功功率				

五、自我检测

1. 填空题

（1）纯电容交流电路中，电压有效值与电流有效值之间的关系为________，电压与电流在相位上的关系为____________________。

（2）容抗表示__________对交流电的__________作用，容抗与频率成________比，其值 X_C=____________，单位是________。100 pF 的电容器对 10^6 Hz 的高频电流和 50 Hz 的工频电流的容抗分别是____________和____________。

（3）纯电容交流电路中，有功功率 P=________，无功功率 Q_C=__________=__________=________。

（4）一个电容器接在直流电源上，其容抗 X_C=________，电路稳定后相当于________。

（5）在正弦交流电路中，已知流过电容元件的电流 I=10 A，电压 $u=20\sqrt{2}\sin 1\,000t$ V，则电流 i=________________________，容抗 X_C=________，电容 C=________，无功功率 Q_C=________。

2．选择题

（1）如果把一个电容器的极板面积加倍，并使其两极板之间的距离减半，则（　　）。

A. 电容增大到原来的 4 倍　　B. 电容减半

C. 电容加倍　　D. 电容保持不变

（2）在纯电容交流电路中，增大电源频率时，其他条件不变，电路中电流将（　　）。

A. 增大　　B. 减小　　C. 不变

（3）在频率为 50 Hz 的交流电路中，电容的容抗和线圈的感抗相等，现将频率提高到 500 Hz，则感抗和容抗之比等于（　　）。

A. 100　　B. 0.01　　C. 10　　D. 1 000

（4）若电路中某元件两端的电压 $u=36\sin\left(314t-\dfrac{\pi}{2}\right)$ V，电流 $i=4\sin 314t$ A，则该元件是（　　）。

A. 电阻　　B. 电感　　C. 电容

（5）加在容抗为 100 Ω 的电容两端的电压 $u_C=100\sin\left(\omega t-\dfrac{\pi}{3}\right)$ V，则通过它的电流应是（　　）A。

A. $i_C=\sin\left(\omega t+\dfrac{\pi}{3}\right)$　　B. $i_C=\sin\left(\omega t+\dfrac{\pi}{6}\right)$

C. $i_C=\sqrt{2}\sin\left(\omega t+\dfrac{\pi}{3}\right)$　　D. $i_C=\sqrt{2}\sin\left(\omega t+\dfrac{\pi}{6}\right)$

3．判断题

（1）平行板电容器的电容量与外加电压有关。（　　）

（2）平行板电容器相对极板面积增大，其电容量也增大。（　　）

（3）有两个电容器 C1 和 C2，且 $C_1>C_2$，如果它们两端的电压相等，则 C1 所带电量较多。（　　）

（4）有两个电容器 C1 和 C2，且 $C_1>C_2$，若它们所带的电量相等，则 C1 两端电压较高。（　　）

4. 计算题

（1）把一个电容 C=58.5 μF 的电容器，分别接到电压为 220 V、频率为 50 Hz 和电压为 220 V、频率为 500 Hz 的电源上，试分别求电容器的容抗和电流的有效值。

（2）将一个电容器接到 $u=200\sqrt{2}\sin(314t+90°)$ V 的电源上，测得流过电容器的电流 I=10 A。现将这个电容器接到 $u=200\sqrt{2}\sin(157t+90°)$ V 的电源上，求：

1）流过电容器的电流。

2）电流的瞬时值表达式。

3）电路的无功功率。

课题五 RLC 串联电路

某同学在做荧光灯实验时测得灯管两端电压为 110 V，镇流器两端电压为 190 V，两电压之和大于电源的电压 220 V，该同学的测量数据有错吗？为什么？

一、学习目标

完成本课题的学习后，应能够：

1. 理解交流电路中电抗、阻抗和阻抗角的概念。
2. 了解 RLC 串联电路中电压与电流之间的关系。
3. 理解视在功率和功率因数的概念。
4. 了解 RLC 串联谐振电路的特点及应用。

二、重点难点

重点：（1）RLC 串联电路的电感性、电容性和电阻性。

（2）功率因数的概念。

难点：电压三角形、阻抗三角形和功率三角形的应用。

三、知识结构

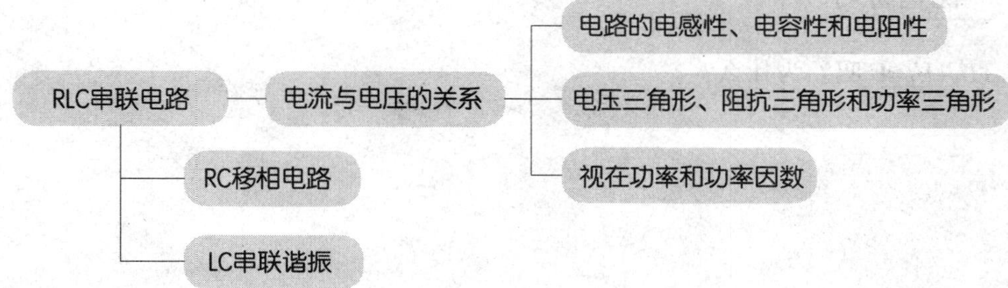

四、学练过程

动手做

测量 RLC 串联电路各元件电压

● **实验器材**

白炽灯（220 V/25 W）1 个，线圈（220 V/40 W）1 个，油浸纸介电容器（2 μF/600 V）1 个，交流电流表 1 个，万用表 1 个等。

● **实验过程**

（1）按图 5–5–1 连接电路。

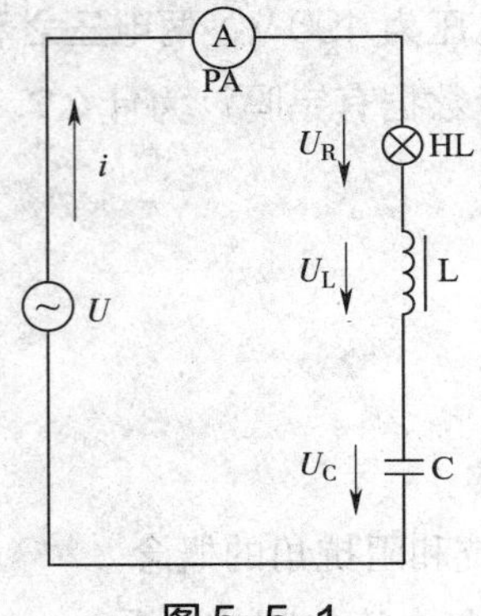

图 5–5–1

（2）接通 220 V 交流电源。

（3）用万用表测量电源电压及各元件两端的电压，记入表 5–5–1 中。

表 5–5–1　　V

电源电压 U	灯泡两端电压 U_R	线圈两端电压 U_L	电容器两端电压 U_C

（4）测量完毕，断开 220 V 交流电源。

课堂练习

$U_R+U_L+U_C=U$ 吗？为什么？

知识点 1 RLC 串联电路中电压与电流的关系

（1）RLC 串联电路的总电压瞬时值等于各个元件上电压瞬时值之和，即 $u=u_R+u_L+u_C$。

（2）总电压有效值 $U=\sqrt{U_R^2+(U_L-U_C)^2}$。

（3）X_L-X_C 称为电抗，电路阻抗 $Z=\sqrt{R^2+(X_L-X_C)^2}$。

（4）总电压与电流的相位差 $\varphi=\arctan\dfrac{U_L-U_C}{U_R}=\arctan\dfrac{X_L-X_C}{R}$。

要点提示

在实际交流电路中单一元件电路几乎是不存在的，有些看起来似乎是单一元件电路，其实也是由两种或两种以上元件组成的。RLC 串联电路具有普遍性，RL 串联电路（$X_C=0$）、RC 串联电路（$X_L=0$）都可以看成是 RLC 串联电路的特例。

课堂练习

（1）设 $X_L>X_C$，试在图 5-5-2a 所示虚线框中画出 $\dot{U}=\dot{U}_R+\dot{U}_L+\dot{U}_C$ 的相量图。

（2）设 $X_L<X_C$，试在图 5-5-2b 所示虚线框中画出 $\dot{U}=\dot{U}_R+\dot{U}_L+\dot{U}_C$ 的相量图。

（3）设 $X_L=X_C$，试在图 5-5-2c 所示虚线框中画出 $\dot{U}=\dot{U}_R+\dot{U}_L+\dot{U}_C$ 的相量图。

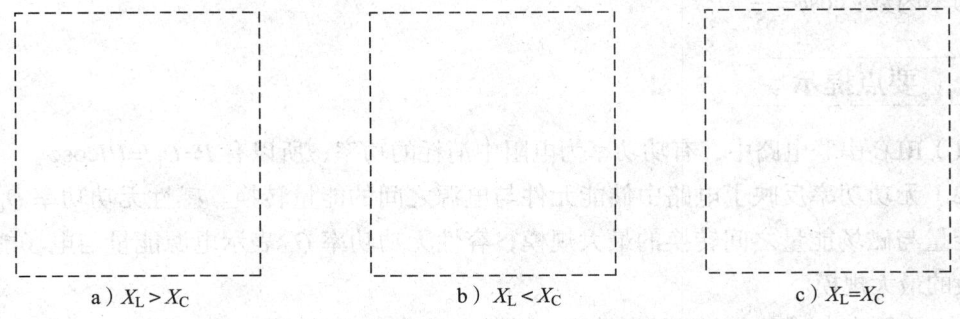

a）$X_L>X_C$　　b）$X_L<X_C$　　c）$X_L=X_C$

图 5-5-2

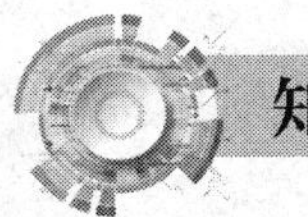

知识点 2 电路的电感性、电容性和电阻性

在 RLC 串联电路中，当 $X_L>X_C$ 时，电路呈电感性；当 $X_L<X_C$ 时，电路呈电容性；当 $X_L=X_C$ 时，电路呈电阻性。

课堂练习

（1）在 RLC 串联电路中，由于 R、L、C 参数及电源频率 f 的不同，电路可能出现以下三种情况。

1）当 $X_L>X_C$ 时，U_L____U_C，阻抗角 φ________0，电路呈________性，电压________电流 φ 角。

2）当 $X_L<X_C$ 时，U_L____U_C，阻抗角 φ________0，电路呈________性，电压________电流 φ 角。

3）当 $X_L=X_C$ 时，U_L____U_C，阻抗角 φ________0，电路呈________性，电压和电流________。

（2）当 $X_L=X_C$ 时，电路发生串联谐振，谐振频率为 $f_0=$________。电路串联谐振时，电感和电容两端的电压可能大于电源电压，因此串联谐振又称________（电压 / 电流）谐振。

知识点 3　RLC 串联电路的功率

有功功率：$P=U_RI=UI\cos\varphi$

无功功率：$Q=Q_L-Q_C=(U_L-U_C)I=UI\sin\varphi$

视在功率：$S=\sqrt{P^2+Q^2}$，$P=S\cos\varphi$，$Q=S\sin\varphi$

功率因数：$\cos\varphi=\dfrac{P}{S}$

要点提示

（1）RLC 串联电路中，有功功率为电阻中消耗的功率，所以有 $P=U_RI=UI\cos\varphi$。

（2）无功功率反映了电路中储能元件与电源之间的能量转换。感性无功功率 Q_L 表示电源能量与磁场能量之间转换的最大规模，容性无功功率 Q_C 表示电源能量与电场能量之间转换的最大规模。

（3）在既有电感又有电容的电路中，总的无功功率 $Q=Q_L-Q_C=(U_L-U_C)I=UI\sin\varphi$。

（4）视在功率用于表示电源设备的容量，并不表示电路中实际消耗的功率。

（5）功率因数与电路参数和频率有关，而与电压、电流的大小无关。

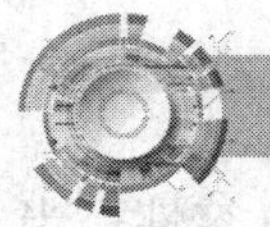

知识点 4　电压三角形、阻抗三角形和功率三角形

以图 5–5–3a 所示电压相量图为例。先由电压相量图演变为电压三角形（见图 5–5–3b），再由电压三角形推出阻抗三角形及功率三角形（见图 5–5–4）。在同一电路中，它们是三个相似的直角三角形。

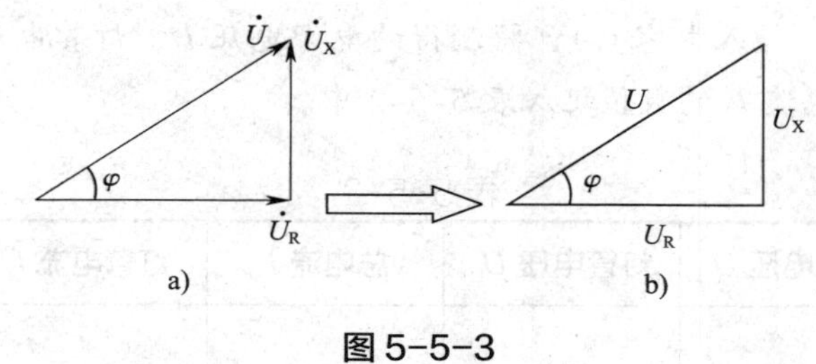

图 5-5-3

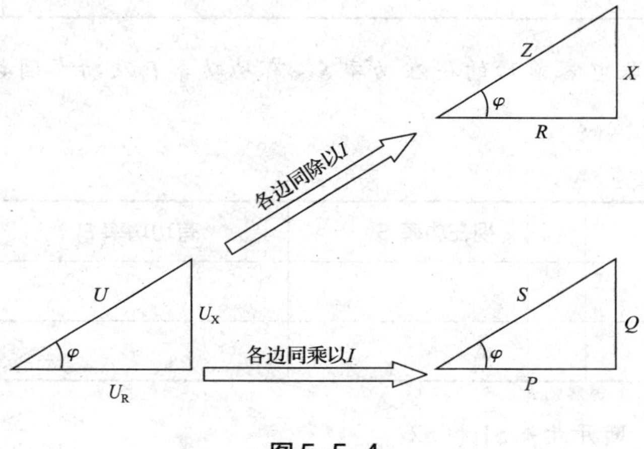

图 5-5-4

动手做

并接电容提高电感性电路的功率因数

● **实验器材**

荧光灯组件 1 套，交流电流表（0~300 mA）3 个，开关 2 个，电容器（1 μF）1 个，万用表 1 个，连接导线若干等。

● **实验过程**

（1）按图 5-5-5 连接电路。检查无误后，闭合开关 S1，将测得的电源电压 U、灯管电压 U_D、总电流 I_1 及灯管电流 I_2 的数值记入表 5-5-2 中。

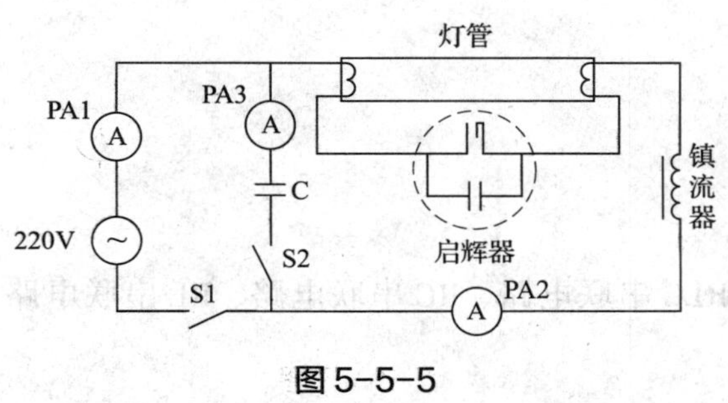

图 5-5-5

（2）闭合开关 S2（接入电容 C），将测得的电源电压 U、灯管电压 U_D、总电流 I_1、灯管电流 I_2 及电容支路电流 I_3 的数值记入表 5–5–2 中。

表 5–5–2

条件	电源电压 U	灯管电压 U_D	总电流 I_1	灯管电流 I_2	电容支路电流 I_3
并联电容前					
并联电容后					

（3）计算出并联电容前后的视在功率 S、有功功率 P 及功率因数 $\cos\varphi$ 的值，填入表 5–5–3 中。

表 5–5–3

条件	视在功率 S	有功功率 P	功率因数 $\cos\varphi$
并联电容前			
并联电容后			

（4）测量完毕，断开开关 S1 和 S2。

课堂讨论

并联电容前后灯管电压和灯管电流是否发生了变化？为什么？

课题小结

以小组为单位对 RLC 串联电路、RC 串联电路、RL 串联电路进行总结，并记录在表 5–5–4 中。

表 5-5-4

项目		电路形式		
		RLC 串联电路	RC 串联电路	RL 串联电路
阻抗				
电流和电压间的关系	大小			
	相位			
有功功率				
无功功率				
视在功率				

五、自我检测

1. 填空题

（1）在 RL 串联正弦交流电路中，已知电阻 R=6 Ω，感抗 X_L=8 Ω，则电路阻抗 Z=________，总电压________电流的相位差 φ=________。如果电压 $u=20\sqrt{2}\sin\left(314t+\frac{\pi}{6}\right)$ V，则电流 i=________________，电阻上的电压 U_R=________，电感上的电压 U_L=________。

（2）在 RC 串联正弦交流电路中，已知电阻 R=8 Ω，容抗 X_C=6 Ω，则电路阻抗 Z=________，总电压________电流的相位差 φ=________。如果电压 $u=20\sqrt{2}\sin\left(314t+\frac{\pi}{6}\right)$ V，则电流 i=________________，电阻上的电压 U_R=__________，电容上的电压 U_C=__________。

（3）已知某交流电路的电源电压 $u=100\sqrt{2}\sin\left(\omega t-\frac{\pi}{6}\right)$ V，电路中通过的电流 $i=5\sqrt{2}\sin\left(\omega t-\frac{\pi}{2}\right)$ A，则电压和电流之间的相位差是________，电路的功率因数 $\cos\varphi$=__________，电路中消耗的有功功率 P=__________，电路的无功功率 Q=__________，电源输出的视在功率 S=__________。

2. 选择题

（1）给两个同规格的空心线圈，分别加上 220 V 的直流电压与 220 V 的交流电压，可以发现（　　）。

A. 由于是同规格的元件，且 $U_{直}=U_{交}$，所以发热一样快

B. 无法比较两线圈发热快慢

C. 加交流电压时发热快

D. 加直流电压时发热快

（2）如图 5–5–6 所示，三个灯泡均正常发光，当交流电源电压不变、频率 f 变小时，灯泡的亮度变化情况是（　　）。

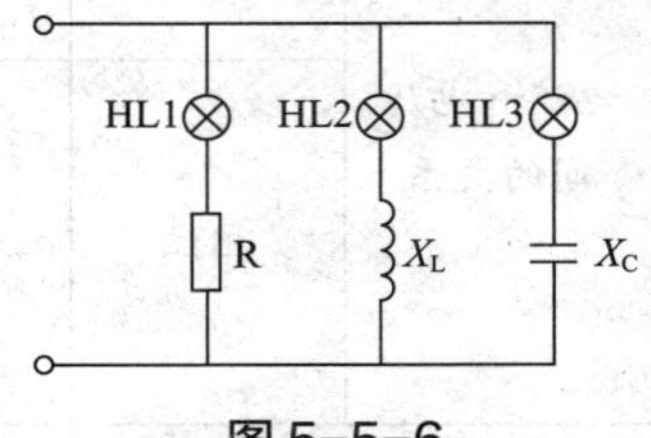

图 5–5–6

A. HL1 不变，HL2 变暗，HL3 变暗

B. HL1 变亮，HL2 变亮，HL3 变暗

C. HL1、HL2、HL3 均不变

D. HL1 不变，HL2 变亮，HL3 变暗

（3）图 5–5–7 所示电路中，I 等于（　　）A。

A. 5　　　　B. 1　　　　C. 0

（4）在图 5–5–8 所示电路中，当交流电源电压幅值不变而频率降低时，电压表的读数将（　　）。

A. 增大　　　　B. 减小　　　　C. 不变

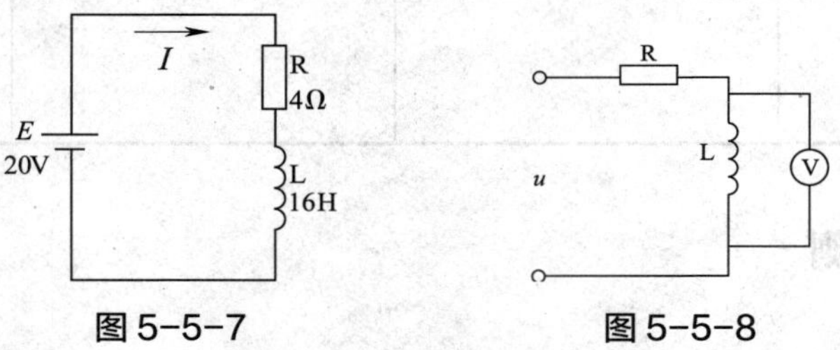

图 5–5–7　　　　图 5–5–8

3. 计算题

把一个电阻为 20 Ω，电感为 48 mH 的线圈接到 $u=220\sin\left(314t+\dfrac{\pi}{2}\right)$ V 的交流电源上，求：

（1）线圈的感抗。

（2）线圈的阻抗。

（3）电流的有效值。

（4）电流的瞬时值表达式。

（5）线圈的有功功率、无功功率和视在功率。

4．实验题

（1）怎样测出一个实际线圈的电阻与电感？（设计测试电路，器材自选）

（2）如图 5–5–9 所示，白炽灯与线圈串联的实验电路中，用万用表的交流电压挡测量电路各部分的电压，测得的结果是电路端电压 U=220 V，白炽灯两端电压 U_1=110 V，线圈两端电压 U_2=190 V，$U_1+U_2>U$，怎样解释这个实验结果？

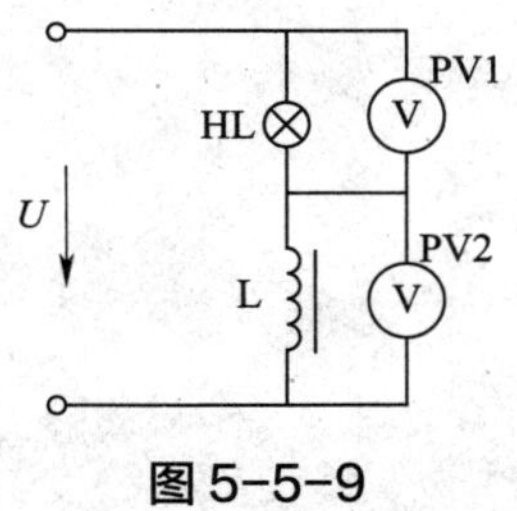

图 5–5–9

模块六
三相交流电路

课题一　三相交流电源

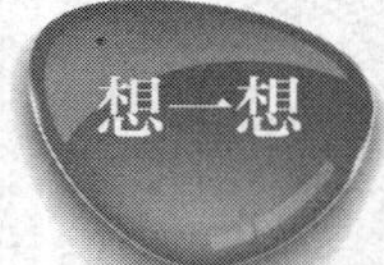

为什么电力供电线路要用三根线？三相异步电动机的接线盒也要接入三根线？低压供电线路的输出电压常写作“380 V/220 V”，是什么含义？

一、学习目标

完成本课题的学习后，应能够：

1. 了解三相交流电的产生和特点。
2. 掌握三相电源绕组星形联结时线电压和相电压的关系。
3. 了解三相四线制和三相三线制的供电方式。
4. 了解三相电源绕组三角形联结时线电压和相电压的关系。

二、重点难点

重点：（1）三相交流电的特点和表示方法。

（2）三相四线制的供电方式。

难点：三相电源线电压和相电压的关系。

三、知识结构

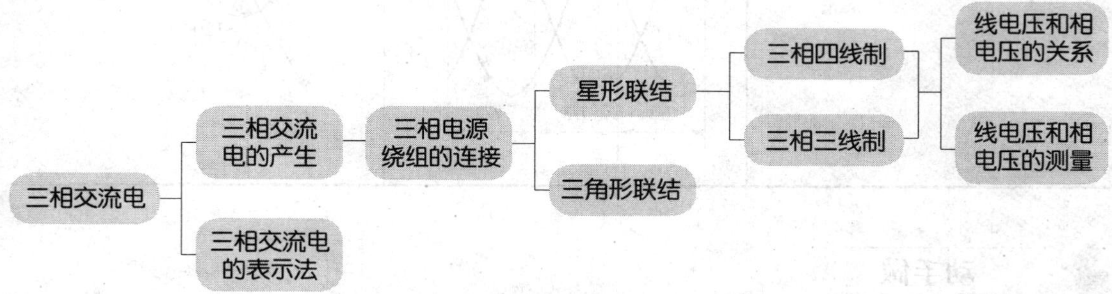

四、学练过程

（1）哪些电气设备使用的是三相交流电？

（2）观察实训室的配电屏、配电箱和照明电路等，说一说它们所需要的单相交流电是如何获得的。

知识点 1　三相交流电动势的产生

三相交流电是由三相交流发电机产生的。

三相交流电的解析式、波形图和相量图见表 6–1–1。

表 6-1-1

解析式	波形图	相量图
$\begin{cases} e_U=E_m\sin\omega t \\ e_V=E_m\sin(\omega t-120^\circ) \\ e_W=E_m\sin(\omega t+120^\circ) \end{cases}$	e, e_U, e_V, e_W, O, ωt, $T/3$, $T/3$, $T/3$	$\dot{E}_W$, 120°, 120°, $\dot{E}_U$, 120°, $\dot{E}_V$

动手做

三相交流电的产生

● **实验器材**

教学用三相交流发电机 1 台，小灯泡 3 个，检流计 3 个等。

● **实验过程**

（1）在三组颜色相同的接线柱间分别接入 3 个灯泡，缓缓摇动手柄，灯泡________（发光 / 不发光）。

（2）将 3 个灯泡改换为 3 个检流计，随着手柄的摇动，检流计指针来回摆动，指针的摆动________（同步 / 不同步）。

这说明，三相交流电动势的相位________（相同 / 不相同）。

（3）仔细观察三相交流发电机的结构，识别三相交流发电机的结构和三相绕组。

1）三相交流发电机主要是由________和________两部分组成的。

2）三相绕组完全对称，始端分别用________、________、________表示，末端分别用________、________、________表示，分别称为________相、________相、________相，绕组采用________、________、________三种颜色，三个绕组在空间位置上彼此相隔________。

（4）通过“点动”和“连续转动”两种方式，使转子（电磁铁）转动，观察检流计指针的偏转，并作比较。

可以看到：

当磁极的 N 极转到 U1 处时，________相的电动势达到正的最大值。

当磁极的 N 极转到 V1 处时，________相的电动势达到正的最大值。

当磁极的 N 极转到 W1 处时，________相的电动势达到正的最大值。

要点提示

（1）三相交流发电机与单相交流发电机相比，多了两组绕组，从而构成了三相对称绕组。三相对称绕组的几何形状、尺寸、匝数相同，所以产生的三个交流电动势的最大值相同。

（2）由于三相绕组以同一角速度切割磁感线，所以产生的三个交流电动势频率相同。

（3）由于三相绕组在空间互差 120° 电角度，所以产生的三个电动势的相位互差 120° 电角度。

课堂练习

（1）写出三相交流电动势的解析式。

e_U=____________________

e_V=____________________

e_W=____________________

$e_W=E_m\sin(\omega t+120°)$ 可理解为 $e_W=E_m\sin(\omega t-120°-120°)$

$=E_m\sin(\omega t-240°)$

$=E_m\sin(\omega t+120°)$

（2）在图 6-1-1 中画出三相交流电动势的波形图。（提示：先将横轴一个周期分为 6 等份，然后从 $e_U=E_m\sin\omega t$ 开始画图）

（3）在图 6-1-2 中画出三相交流电动势的相量图。（提示：按 X 轴方向，先画 $\dot{E}_U$）

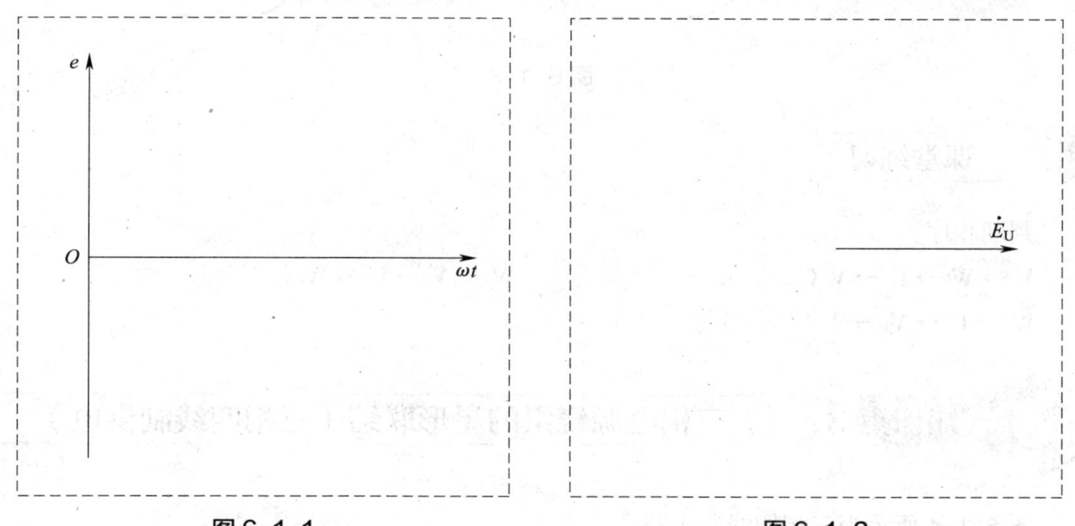

图 6-1-1　　　　图 6-1-2

知识点 2　相序

三相对称交流电动势到达最大值的先后次序称为相序。

正序：U → V → W → U；

负序：U → W → V → U。

动手做

观察电动机旋转方向与相序的关系

● **实验器材**

小型实验用电动机 1 台，导线若干等。

● **实验过程**

取小型实验用电动机，按图 6–1–3 所示的方式接线，采用直接启动的方法观察电动机的旋转方向。

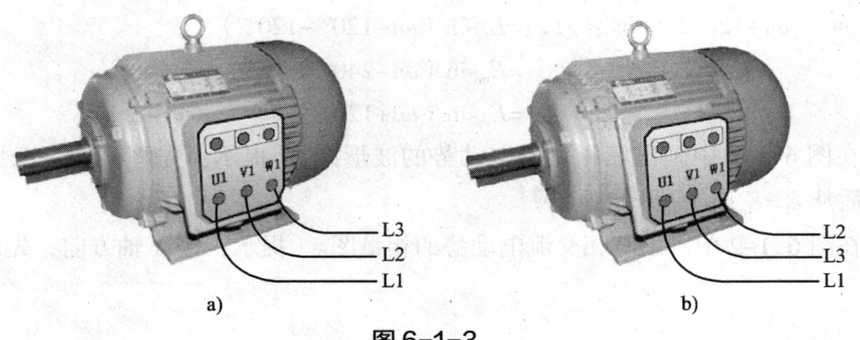

图 6–1–3

课堂练习

判断相序：

V → W → U → V（　　）　　　　W → V → U → W（　　）

W → U → V → W（　　）

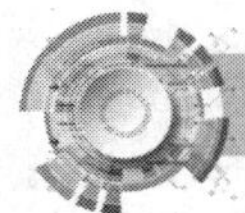

知识点 3　三相电源绕组的星形联结（三相四线制供电）

图 6–1–4 所示为三相四线制电路。

（1）端线与端线之间的电压称为线电压。

（2）端线与中线之间的电压称为相电压。

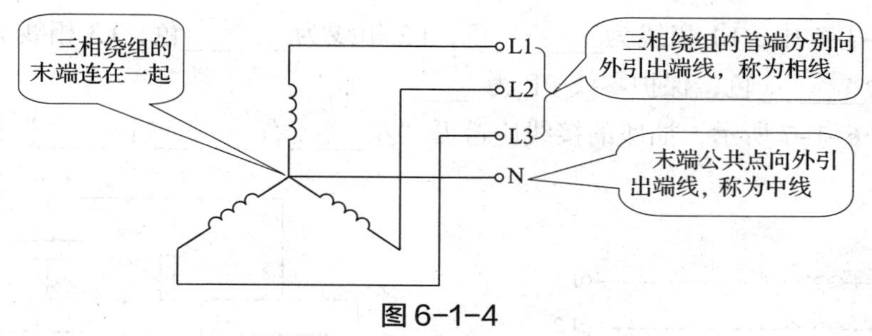

图 6-1-4

（3）线电压是相电压的$\sqrt{3}$倍，即 $U_L=\sqrt{3}U_P$。

（4）发电机三相绕组的末端连在一起，称为中性点，引出的线称为中性线，简称中线。接地的中性点称为零点，接地的中线称为零线。

要点提示

（1）要注意三个相电压与三个线电压的表示方法，包括参考方向的标定，瞬时值、有效值和相量的文字符号。要特别注意三个线电压的下标，通常按习惯的正序表示，即 u_{UV}、u_{VW}、u_{WU}，这样才能得到后面的一系列结论。

（2）线电压与相电压的对应关系是指 $u_{UV}\sim u_U$、$u_{VW}\sim u_V$、$u_{WU}\sim u_W$。

（3）三相电源星形联结时，线电压与相电压之间的关系是$\sqrt{3}$倍，而正弦交流电最大值与有效值的关系是$\sqrt{2}$倍，二者不可混淆。

（4）实际应用中，通常在三相四线制的基础上，另增加一根专用保护线与接地网相连，从而更好地起到保护作用。即将零线的两个作用分开，一根作为工作零线（N），另一根作为保护零线（PE）。工作零线和保护零线除在变压器中性点共同接地外，两线不再有任何电气连接，从而保障了电器用电的安全。

（5）日常使用的单相交流电是取三条相线中的一条为相线，同时保留工作零线和保护零线。每个建筑物的进户线都要将零线重复接地。从引入处开始，直至建筑物内各个插座，工作零线与保护零线完全分开。为便于识别，各线要用不同颜色区分。

课堂练习

（1）三相四线制供电线路如图 6-1-5 所示，已知相电压 $u_U=220\sqrt{3}\sin 314t$ V，试按习惯相序在图中标出所有的相电压和线电压，并写出其余两个相电压和三个线电压的解析式。

图 6-1-5

（2）图 6–1–6 中，L1 相线为______色，L2 相线为______色，L3 相线为______色，工作零线 N 为______色，保护零线 PE 为______色。

（3）如图 6–1–7 所示，插座的接线应遵循“左_____右_____上_____”的原则。

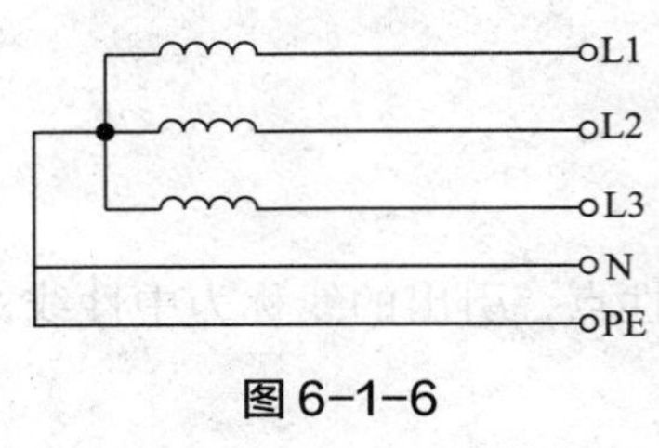

图 6–1–6

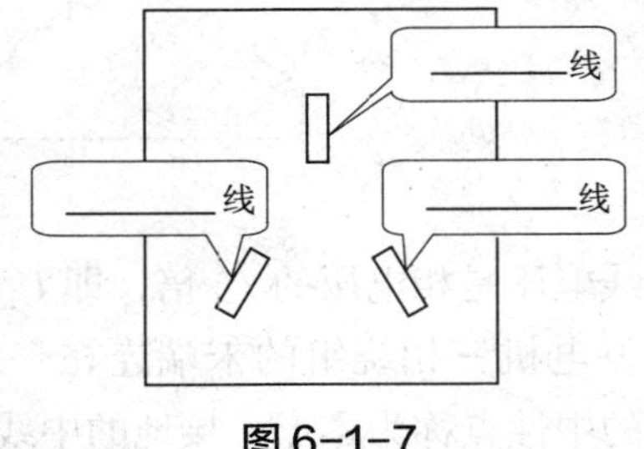

图 6–1–7

动手做

测量三相交流电路的线电压和相电压

● **实验器材**

万用表 1 个，安全防护用品 1 套等。

● **实验过程**

分别从配电箱、配电屏或从电工台三相四孔插座测量线电压和相电压。

万用表置______________挡，测得三相电源线电压为______V。

万用表置______________挡，测得三相电源相电压为______V。

知识点 4 三相电源绕组的三角形联结

三相电源绕组作三角形联结时，线电压就是相电压，即其有效值为：

$$U_L=U_P$$

要点提示

若三相电动势对称，则三角形闭合回路的总电动势等于零，这时电源绕组内部不存在环流。但若三相电动势不对称，则三角形闭合回路的总电动势就不为零，此时即使外部没有负载，也会因为各绕组本身的阻抗均较小，使闭合回路内产生很大的环流，这将使绕组过热，甚至烧毁。因此，三相发电机绕组一般不采用三角形联结而采用星形联结。

课题小结

（1）三相交流电的特点是三个交流电动势的最大值________，频率________，相位相差________。

（2）三相四线制供电采用三根________线，一根________线。

（3）________线与________线之间的电压称为线电压，________线与________线之间的电压称为相电压。

（4）线电压是相电压的________倍，线电压总是超前对应的相电压________。

五、自我检测

1．填空题

（1）三相交流电源是三个______________、______________而____________________的单相交流电源按一定方式的组合。

（2）由三根________线和一根________线组成的供电线路，称为三相四线制供电线路。三相对称交流电动势到达最大值的先后次序称为________。

（3）三相四线制供电系统可输出两种电压供用户选择，即________电压和________电压。这两种电压的数值关系是____________，相位关系是________________________。

（4）如果三相对称交流电源的 U 相电动势 $e_U=E_m\sin\left(314t+\dfrac{\pi}{6}\right)$ V，那么其余两相电动势分别为 $e_V=$________________________V，$e_W=$________________________V。

2．判断题

（1）一个三相四线制供电线路中，若相电压为 220 V，则电路线电压为 311 V。（　　）

（2）三相负载越接近对称，中线电流就越小。（　　）

（3）两根相线之间的电压称为相电压。（　　）

（4）三相交流电源是由频率、有效值、相位都相同的三个单相交流电源按一定方式组合起来的。（　　）

3．选择题

（1）某三相对称交流电源的线电压为 380 V，则其线电压的最大值为（　　）V。

A. $380\sqrt{2}$　　　　B. $380\sqrt{3}$

C. $380\sqrt{6}$　　　　D. $\dfrac{380\sqrt{2}}{\sqrt{3}}$

（2）已知三相对称交流电压中，V 相电压为 $u_V=220\sqrt{2}\sin(314t+\pi)$ V，则 U 相和 W 相电压为（　　）。

A. $u_U=220\sqrt{2}\sin\left(314t+\dfrac{\pi}{3}\right)$ V，$u_W=220\sqrt{2}\sin\left(314t-\dfrac{\pi}{3}\right)$ V

B. $u_U=220\sqrt{2}\sin\left(314t+\dfrac{\pi}{3}\right)$ V，$u_W=220\sqrt{2}\sin\left(314t+\dfrac{\pi}{3}\right)$ V

C. $u_U=220\sqrt{2}\sin\left(314t+\dfrac{\pi}{3}\right)$ V，$u_W=220\sqrt{2}\sin\left(314t-\dfrac{2\pi}{3}\right)$ V

（3）三相交流电相序 U—V—W—U 属于（　　）。

A. 正序　　B. 负序　　C. 零序

（4）在图 6–1–8 所示的三相四线制电源中，用电压表测量电源线的电压以确定零线，测量结果 U_{12}=380 V，U_{23}=220 V，则（　　）。

A. 2 号为零线　　B. 3 号为零线　　C. 4 号为零线

1
2
3
4

图 6–1–8

（5）已知某三相交流发电机绕组连接成星形时的相电压 $u_U=220\sqrt{2}\sin(314t+30°)$ V，$u_V=220\sqrt{2}\sin(314t-90°)$ V，$u_W=220\sqrt{2}\sin(314t+150°)$ V，则当 t=10 s 时，它们的和为（　　）V。

A. 380　　B. 0

C. $380\sqrt{2}$　　D. $\dfrac{380\sqrt{2}}{\sqrt{3}}$

4. 问答题

如果给你一个测电笔或者一个量程为 500 V 的交流电压表，你能确定三相四线制供电线路中的相线和中线吗？试说出方法。

5. 计算题

三相交流发电机的三相绕组接成星形，设其中两根相线之间的电压 $u_{UV}=380\sqrt{2}\sin(\omega t-30°)$ V，试写出所有相电压和线电压的解析式。

课题二　三相负载的连接方式

为什么三相异步电动机的铭牌上要标明绕组接法?

三相交流电源提供 380 V 线电压和 220 V 相电压，如果电气设备额定电压为 220 V，应如何连接？如果电气设备额定电压为 380 V，应如何连接？

一、学习目标

完成本课题的学习后，应能够：

1. 理解三相负载作星形联结和三角形联结时，负载相电压与线电压以及相电流与线电流的关系。

2. 理解中线的作用。

3. 了解三相对称负载功率的计算方法。

二、重点难点

重点：三相负载作星形联结和三角形联结的方法。

难点：三相负载作星形联结和三角形联结的相关计算。

三、知识结构

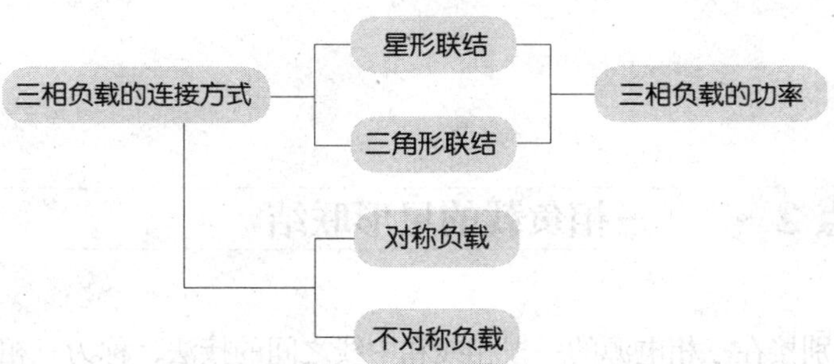

四、学练过程

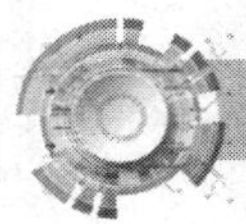

知识点 1　三相对称负载和三相不对称负载

如果三相负载的电阻、电抗均相同，则称为三相对称负载；否则称为三相不对称负载。

要点提示

（1）三相负载一般是电阻、电感、电容或它们的不同组合。三相对称负载是指阻抗相等、阻抗角也相同的三相负载，即

$$\begin{cases} Z_U=Z_V=Z_W \\ \varphi_U=\varphi_V=\varphi_W=\varphi \end{cases}$$

若不能同时满足上述要求，则为三相不对称负载。实际生产中的用电负载多为三相异步电动机等，其三相负载完全相同，为三相对称负载。

（2）不能将对称负载理解为各对应元件参数完全相同。例如，某一负载电阻为 10 Ω，线圈等效电阻为 5 Ω，电感为 10 mH；另一负载电阻为 8 Ω，线圈等效电阻为 7 Ω，电感为 10 mH。虽然对应元件参数不完全相同，但它们是对称负载。

课堂练习

在图 6-2-1 所示电路中，$R=X_L=X_C=10\ \Omega$，它们是对称负载吗？为什么？

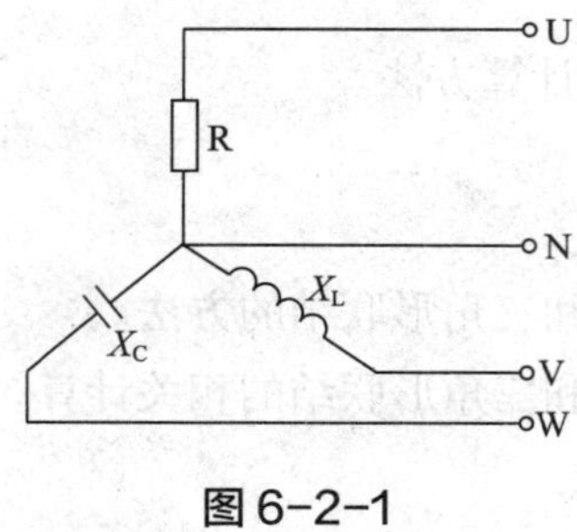

图 6-2-1

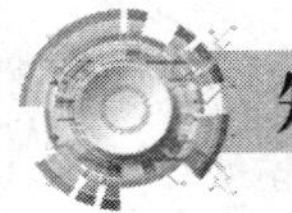

知识点 2　三相负载的星形联结

把三相负载分别接在三相电源的一根相线和中线之间的接法，称为三相负载的星形联结。

课堂练习

（1）电路的接法。

1）将图 6–2–2 中三组三相负载分别接成星形联结。

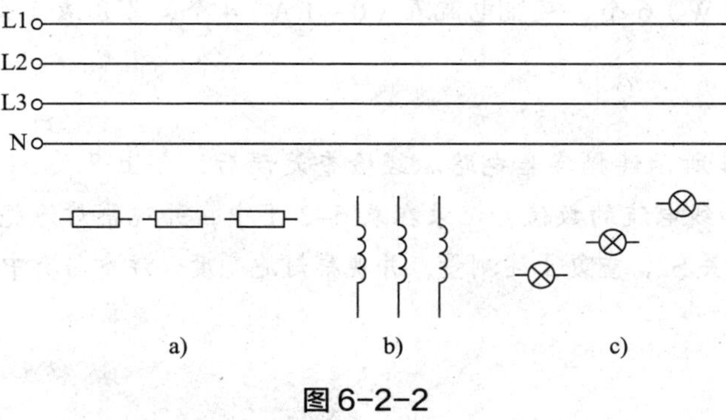

图 6–2–2

2）标出图 6–2–3 中负载的相电压、相电流、线电流和中线电流。（注意文字符号双下标的表示方法）

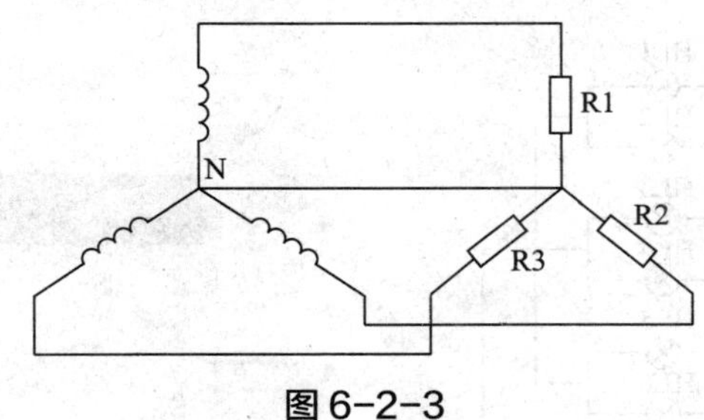

图 6–2–3

（2）电路特点。

U_L=_________U_{YP}，I_{YL}=_________

（3）相电流、线电流的计算。

先求相电流，再求线电流。

I_{YP}=_________， I_{YL}=_________

【例】已知加在星形联结的三相异步电动机上的对称电源线电压为 380 V，每相电阻为 6 Ω，感抗为 8 Ω，求流入电动机每相绕组的相电流及各线电流。

动手做

三相负载的星形联结

● 实验器材

灯泡（220 V/25 W）6 个，交流电流表（0～1 A）4 个，万用表 1 个，开关若干，导线若干等。

● 实验过程

（1）按图 6–2–4 所示连接实验电路。经检查无误后，合上开关 S1 和 S2，测量负载端各线电压、相电压和线电流的数值，记录在表 6–2–1 中，并观察灯泡亮度是否相同。

（2）断开中线开关 S2，重复上述测量，并观察灯泡亮度，注意与有中线时相比有无变化。

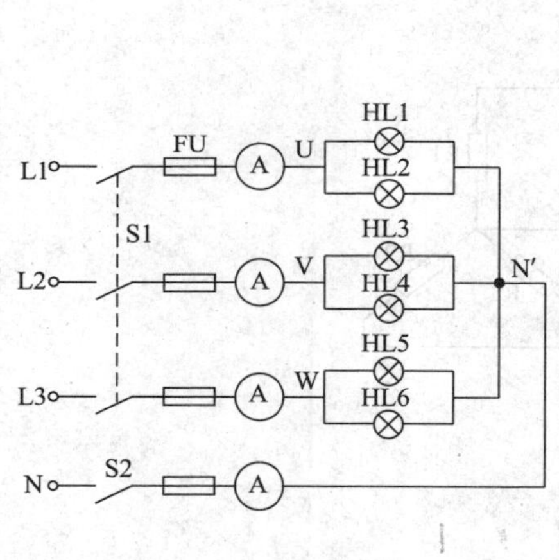

a)

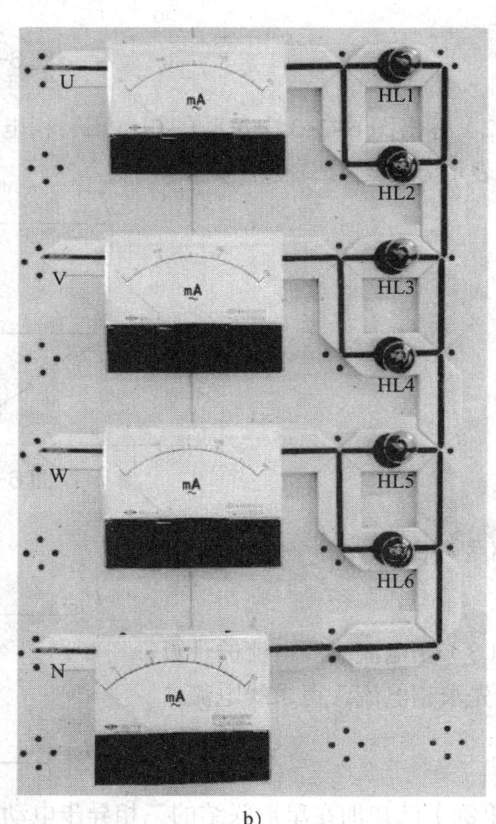

b)

图 6–2–4

（3）断开开关 S1，将 U 相负载的灯泡改为一个，其他两相仍为两个。先合上 S2，再合上 S1，重复上述测量，并观察各相灯泡的亮度。

（4）将中线开关 S2 断开，重复上述测量，并观察哪一相灯泡最亮。

（5）测量结束，断开开关 S1 和 S2。

注意：作无中线不对称负载连接时，由于某相电压要高于灯泡的额定电压，所以动作要迅速，测量完应立即断开 S1 开关（或通过三相调压器将 380 V 线电压降为 220 V 线电压使用）。

表 6-2-1

测量项目		三相对称负载		三相不对称负载	
		有中线	无中线	有中线	无中线
线电压 /V	U_{UV}				
	U_{VW}				
	U_{WU}				
相电压 /V	U_U				
	U_V				
	U_W				
线电流 /A	I_U				
	I_V				
	I_W				
中线电流 /A	I_N				
灯泡亮度					

实验结果表明：

（1）三相对称负载作星形联结时，各相负载相电压________（相等 / 不相等），均等于电源__________（相电压 / 线电压）。

（2）三相对称负载作星形联结时，流过三相对称负载的各相电流________（相等 / 不相等），线电流的大小______（等于 / 不等于）相电流。

（3）三相不对称负载作星形联结有中线时，流过三相不对称负载的各相电流__________（相等 / 不相等），中线电流_________（为零 / 不等于零）。

（4）三相不对称负载作星形联结有中线时，各相负载相电压________（相等 / 不相等），均等于电源________（相电压 / 线电压），各相负载______（能 / 不能）正常工作。

（5）三相不对称负载作星形联结无中线时，各相负载电压_________（相等 / 不相等），阻抗小的负载相电压_______（增大 / 减小），阻抗大的负载相电压（增大 / 减小），各相负载_________（能 / 不能）正常工作。

课堂讨论

（1）在三相四线制供电系统中，中线起什么作用？

（2）什么情况下可以取消中线，采用三相三线制供电？

（3）为什么不允许在中线上安装熔断器或开关？

知识点 3　三相负载的三角形联结

把三相负载分别接在三相电源每两根相线之间的接法，称为三相负载的三角形联结。

课堂练习

（1）电路的接法。

将图 6-2-5 中三组三相负载分别接成三角形联结。

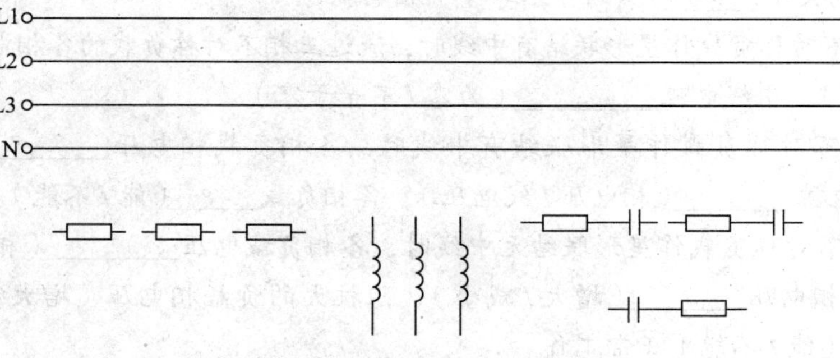

图 6-2-5

（2）电路特点。

$$U_{\triangle P}=\underline{\qquad\qquad}，\quad I_{\triangle L}=\underline{\qquad\qquad}I_{\triangle P}$$

【例】将上例中电动机三相绕组改为三角形联结后，接入电源，其他条件不变。求各相电流、线电流的大小，并与星形联结时作比较。

动手做

三相负载的三角形联结

● **实验器材**

灯泡（220 V/25 W）6 个，交流电流表（0～1 A）3 个，万用表 1 个，开关若干，导线若干等。

● **实验过程**

（1）通过调压器将实验台三相电源线电压调为 220 V。

（2）按图 6–2–6 所示连接实验电路。

（3）检查无误后，合上开关 S，测量各线电压、相电压、线电流和相电流（测量线电流后，改接电路，再测量相电流），将测量值记录在表 6–2–2 中，并观察各相灯泡亮度是否相同。

（4）断开开关 S，将 U 相负载的灯泡改为一个，其他两相仍为两个。重复上述测量，并观察各相灯泡的亮度。

（5）测量结束，断开开关 S。

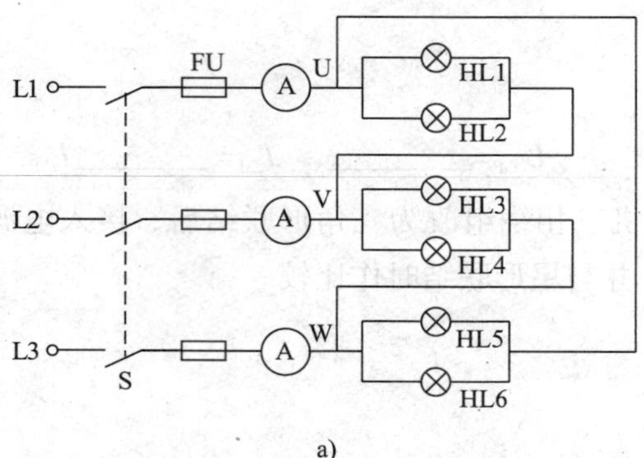

a)

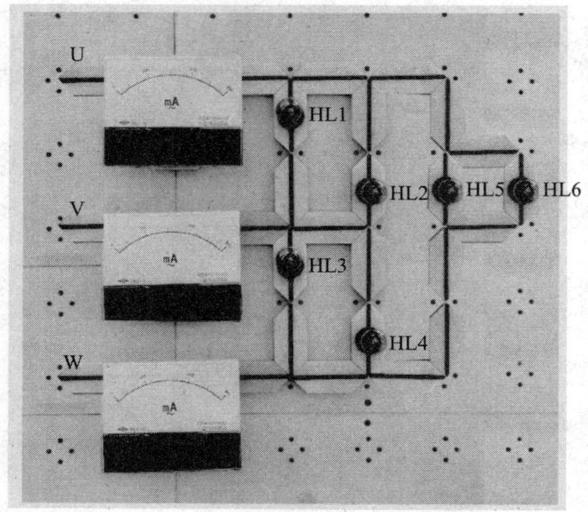

b)

图 6-2-6

表 6-2-2

测量项目		三相对称负载		三相不对称负载	
线电压 /V	U_{UV}				
	U_{VW}				
	U_{WU}				
相电压 /V	U_U				
	U_V				
	U_W				
灯泡亮度					
线电流 /A	I_U				
	I_V				
	I_W				

续表

测量项目		三相对称负载		三相不对称负载	
相电流 /A	I_{UV}				
	I_{VW}				
	I_{WU}				

实验结果表明：

（1）三相对称负载作三角形联结时，各相负载相电压等于电源________（相电压 / 线电压），三根相线的线电流_______（相等 / 不相等），三相负载的相电流_________（相等 / 不相等）。

（2）三相不对称负载作三角形联结时，各相负载相电压均等于电源________（相电压 / 线电压），三根相线的线电流_________（相等 / 不相等），三相负载的相电流__________（相等 / 不相等）。

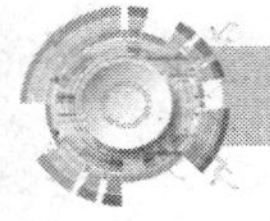

知识点 4 三相负载的功率

当三相负载对称时，不论是星形联结还是三角形联结，以下公式都成立。即

$$P=3U_PI_P\cos\varphi_P=\sqrt{3}\,U_LI_L\cos\varphi_P$$
$$Q=3U_PI_P\sin\varphi_P=\sqrt{3}\,U_LI_L\sin\varphi_P$$
$$S=3U_PI_P=\sqrt{3}\,U_LI_L$$

要点提示

（1）上述公式中的 U_P 是指负载相电压，即负载作星形联结时的 U_{YP}，负载作三角形联结时的 $U_{\Delta P}$。

（2）公式中的 φ_P 为每相负载的阻抗角，即负载相电压与相电流之间的相位差，而不是线电压与线电流之间的相位差。

（3）当负载不对称时，应用单相正弦交流电路的知识，先分别求出各相的有功功率和无功功率，再求总的有功功率、无功功率和视在功率。即

总的有功功率：$P=P_U+P_V+P_W$

总的无功功率：$Q=Q_U+Q_V+Q_W$

视在功率：$S=\sqrt{P^2+Q^2}$

（4）在同一电源线电压下，三相对称负载接成星形联结和三角形联结时的线电流和有功功率不一样。

1）三相对称负载作三角形联结与星形联结时的线电流之比$\frac{I_{\Delta L}}{I_{YL}}=3$，也就是说，在同一

电源线电压作用下，三相对称负载由星形联结改接成三角形联结后，线电流将变为星形联结时的 3 倍。

2）三相对称负载作三角形联结与星形联结时的有功功率之比$\frac{P_{\triangle}}{P_{\text{Y}}}=3$。也就是说，在同一电源线电压作用下，三相对称负载由星形联结改接成三角形联结后，有功功率将变为星形联结时的 3 倍。

课堂练习

工业电炉常利用改变电阻丝的接法来控制功率大小，达到调节炉内温度的目的。有一台三相电炉，每相电阻 R=11 Ω。求：

（1）在 380 V 线电压下，分别采用星形联结和三角形联结时所消耗的功率。

（2）在 220 V 线电压下，采用三角形联结时所消耗的功率。

解：

（1）星形联结时的线电流为：

$I_{\text{YL}}=I_{\text{YP}}=$________________________________

星形联结时的功率为：

$P_{\text{Y}}=$________________________________

三角形联结时的线电流为：

$I_{\triangle \text{L}}=$________________________________

三角形联结时的功率为：

$P_{\triangle}=$________________________________

（2）三角形联结时的功率为：

$P_{\triangle}=$________________________________

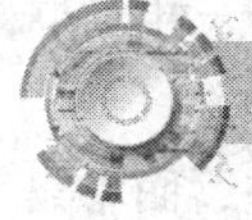

知识点 5　负载连接方式的选择

选择原则：负载相电压应等于它的额定电压。

（1）当 $U_{额}=U_{\text{P}}$ 时，采用星形联结（$U_{\text{YP}}=U_{\text{P}}$）。

（2）当 $U_{额}=U_{\text{L}}$ 时，采用三角形联结（$U_{\triangle \text{P}}=U_{\text{L}}$）。

例如，当三相异步电动机每相绕组的额定电压为 220 V 时，应采用星形联结；当三相异步电动机每相绕组的额定电压为 380 V 时，应采用三角形联结。

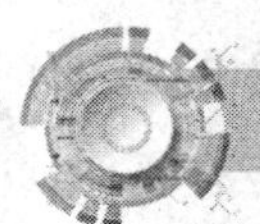

课题小结

（1）三相对称负载作星形联结时，负载相电压与电源电压的关系为________________，线电流与相电流的关系为________________。

（2）三相对称负载作三角形联结时，负载相电压与电源电压的关系为______________，线电流与相电流的关系为________________。

（3）对于三相对称负载，不论是星形联结还是三角形联结，计算三相总功率的计算式都是一样的，即：

$$S=3U_PI_P=\sqrt{3}\,U_LI_L$$

$$P=3U_PI_P\cos\varphi_P=\sqrt{3}\,U_LI_L\cos\varphi_P$$

$$Q=3U_PI_P\sin\varphi_P=\sqrt{3}\,U_LI_L\sin\varphi_P$$

注意：式中 φ_P 为负载相电压与相电流的相位差。

五、自我检测

1．填空题

（1）三相对称负载作星形联结时，U_{YP}=________U_{YL}，且 I_{YP}=________I_{YL}，此时中线电流为________。

（2）三相对称负载作三角形联结时，$U_{\triangle L}$=________$U_{\triangle P}$，且 $I_{\triangle L}$=________$I_{\triangle P}$，各线电流比相应的相电流____________。

（3）三相对称电源线电压 U_L=380 V，三相对称负载每相阻抗 Z=10 Ω，若接成星形，则线电流 I_L=________A；若接成三角形，则线电流 I_L=________A。

（4）三相对称负载不论是接成星形还是三角形，其总有功功率均为 P=____________，总无功功率均为 Q=____________，视在功率均为 S=____________。

（5）若三相对称负载中每相负载的额定电压为 220 V，则当三相电源的线电压为 380 V 时，负载应作________联结；当三相电源的线电压为 220 V 时，负载应作________联结。

（6）在电源不变的情况下，三相对称负载接成三角形和接成星形作比较，有 $I_{\triangle P}$=________I_{YP}，$I_{\triangle L}$=________I_{YL}，$P_{\triangle}$=________P_Y。

（7）图 6-2-7 所示为三相对称负载，若电压表 PV1 的读数为 380 V，则电压表 PV2 的读数为________；若电流表 PA1 的读数为 10 A，则电流表 PA2 的读数为________。

（8）图 6-2-8 所示为三相对称负载，若电压表 PV1 的读数为 380 V，则电压表 PV2 的读数为________；若电流表 PA1 的读数为 10 A，则电流表 PA2 的读数为________。

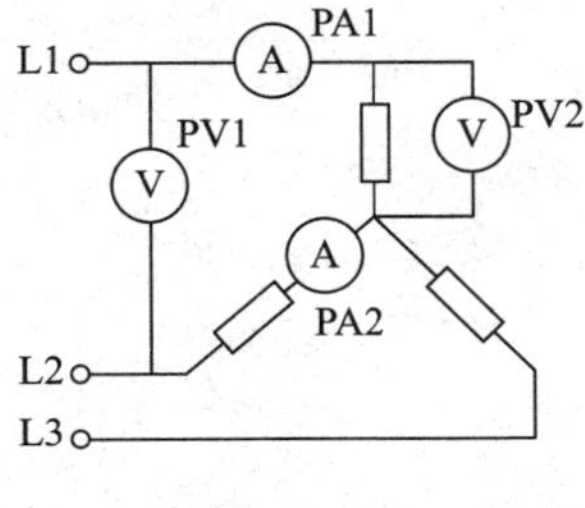

图 6-2-7

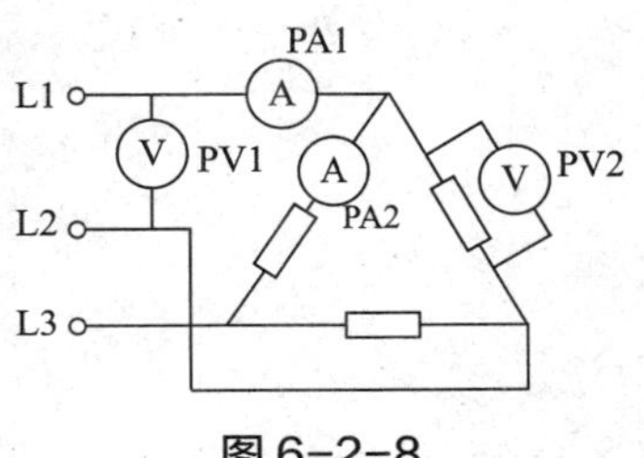

图 6-2-8

2. 判断题

（1）三相对称负载的相电流是指电源相线上的电流。（　　）

（2）在对称负载的三相交流电路中，中线上的电流为零。（　　）

（3）三相对称负载接成三角形时，线电流的有效值是相电流有效值的$\sqrt{3}$倍，且相位比相应的相电流超前 30°。（　　）

（4）一台三相异步电动机，每个绕组的额定电压是 220 V，现三相电源的线电压是 380 V，则这台电动机的绕组应接成三角形。（　　）

3. 选择题

（1）在电源对称的三相四线制供电线路中，负载为星形联结，且负载不对称，则各相负载上的（　　）。

A. 电流对称　　B. 电压对称

C. 电压、电流都对称

（2）三相电源作星形联结，三相负载对称，则（　　）。

A. 三相负载作三角形联结时，每相负载的电压等于电源线电压

B. 三相负载作三角形联结时，每相负载的电流等于电源线电流

C. 三相负载作星形联结时，每相负载的电压等于电源线电压

D. 三相负载作星形联结时，每相负载的电流等于电源线电流的$\frac{1}{\sqrt{3}}$

（3）如图 6-2-9 所示，三相电源线电压为 380 V，$R_1=R_2=R_3=10\ \Omega$，则电压表和电流表的读数分别为（　　）。

A. 220 V、22 A　　B. 380 V、38 A

C. 380 V、$38\sqrt{3}$ A

4. 计算题

（1）在线电压为 220 V 的三相对称电路中，每相接“220 V/60 W”的灯泡 20 盏（自行考虑灯泡应接成星形还是三角形）。试画出连接电路图并求各相电流和各线电流。

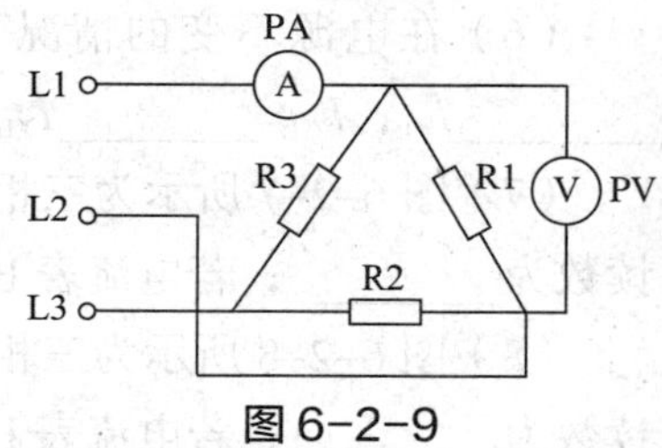

图 6-2-9

（2）一个三相电炉，每相电阻为 22 Ω，接到线电压为 380 V 的三相对称电源上。

1）当三相电炉接成星形时，求相电压、相电流和线电流。

2）当三相电炉接成三角形时，求相电压、相电流和线电流。

（3）三相对称负载作三角形联结，其各相电阻 R=8 Ω，感抗 X_L=6 Ω，将它们接到线电压为 380 V 的三相对称电源上，求相电流、线电流及负载的总有功功率。

5．分析与实验题

（1）将图 6–2–10 中三组三相负载分别按三相三线制星形联结、三相三线制三角形联结和三相四线制星形联结，接入供电线路。

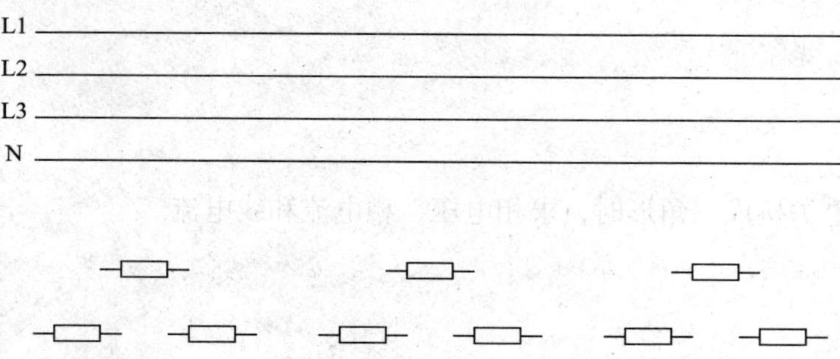

图 6–2–10

（2）在图 6–2–11 所示电路中，电源每相电压为 220 V，每盏白炽灯的额定电压为 220 V，指出本图连接中的错误，并说明错误的原因。

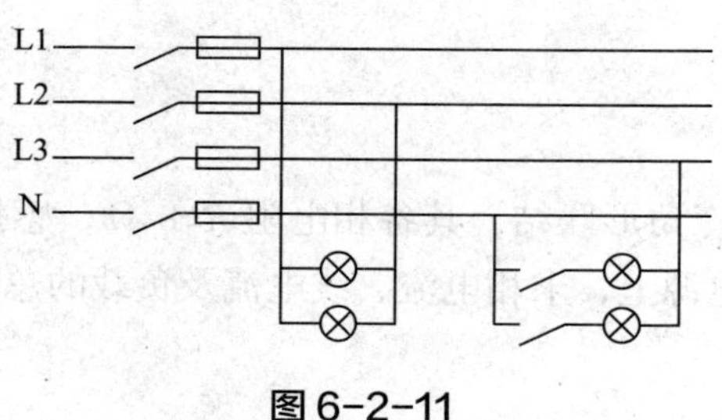

图 6–2–11

（3）在图 6–2–12 所示电路中，应如何连接才能将额定电压为 220 V 的白炽灯负载接入线电压为 380 V 的三相电源上？（每相两盏灯）

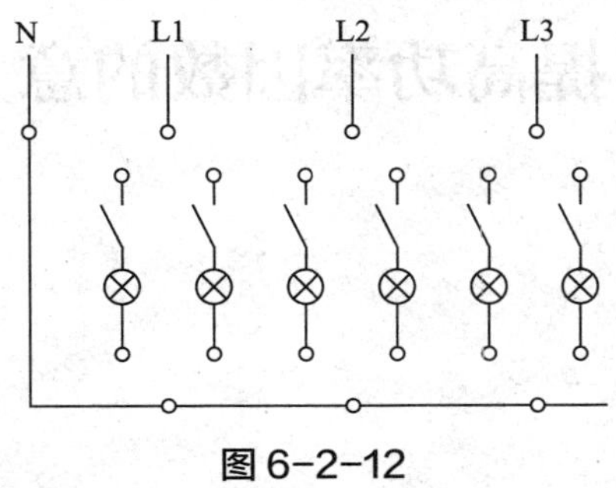

图 6–2–12

（4）连接好上题线路后，在 L1 相开一盏灯，L2 相、L3 相均开两盏灯，这时若断开中线，白炽灯能正常发光吗？（白炽灯的功率都相等）

（5）若图 6–2–12 所示电路中的三相电源线电压为 220 V，其他条件不变，应如何连接才能使白炽灯正常发光？（每相仍为两盏灯）

课题三　提高功率因数的意义和方法

为什么配电房既装有功功率表，又装无功功率表？

配电柜中的电力变压器起什么作用？

一、学习目标

完成本课题的学习后，应能够：

1. 了解提高功率因数对于节约电能和提高供电质量的重要意义。
2. 了解提高功率因数的常用方法。
3. 了解感性负载并接电容器提高功率因数的实际应用。

二、重点难点

重点：提高功率因数的方法。

难点：并接电容器提高功率因数的原理。

三、知识结构

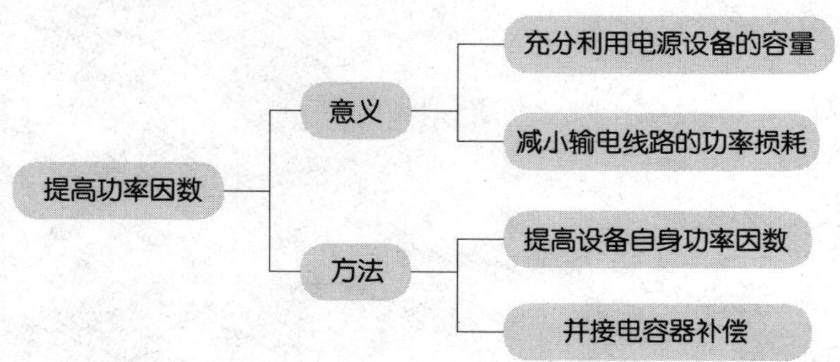

四、学练过程

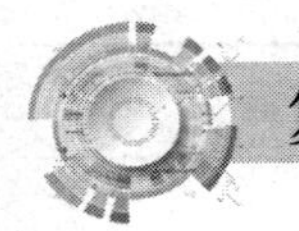

复习提问

（1）电感性电路、电容性电路和电阻性电路各有什么特点？

电感性电路的特点是 U_L________（>、<或=）U_C，阻抗角 φ________（>、<或=）0。

电容性电路的特点是 U_L________（>、<或=）U_C，阻抗角 φ________（>、<或=）0。

电阻性电路的特点是 U_L________（>、<或=）U_C，阻抗角 φ________（>、<或=）0。

（2）什么是有功功率、无功功率和视在功率？

有功功率是____。

无功功率是____。

视在功率是____。

（3）什么是功率因数？

____。

知识点 1　提高功率因数的意义

（1）充分利用电源设备的容量。

（2）减小输电线路的功率损耗。

课堂练习

（1）充分利用电源设备的容量。

1）根据表 6–3–1 中数据进行计算并填空。

表 6–3–1

电源额定容量（即电源额定视在功率）	功率因数	有功功率	灯泡功率	可带灯泡数
40 kV · A	0.4	16 000 W	40 W	
	0.8	32 000 W		
	1	40 000 W		

由表 6–3–1 可见，提高功率因数，可以使同等容量的电源设备向用户提供更多的有功功率。

2）根据表 6–3–2 中数据进行计算并填空。

表 6–3–2

有功功率	功率因数	所需变压器容量
100 kW	0.5	
	0.9	

由表 6–3–2 可见，提高功率因数，可以使电源设备的容量得到充分发挥。

（2）减小输电线路的功率损耗。

根据表 6–3–3 中已知数据进行计算并填空。

表 6–3–3

类型	项目			
	规格	功率因数	线路电阻	功率损耗
白炽灯	220 V/40 W	1	5 Ω	
荧光灯	220 V/40 W	0.4	5 Ω	

由表 6–3–3 可见，提高功率因数可以减小线路的功率损耗。

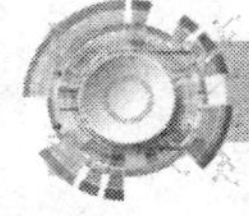

知识点 2 提高功率因数的方法

（1）提高设备自身功率因数。

（2）并接电容器补偿，如图 6–3–1 和图 6–3–2 所示。

图 6–3–1

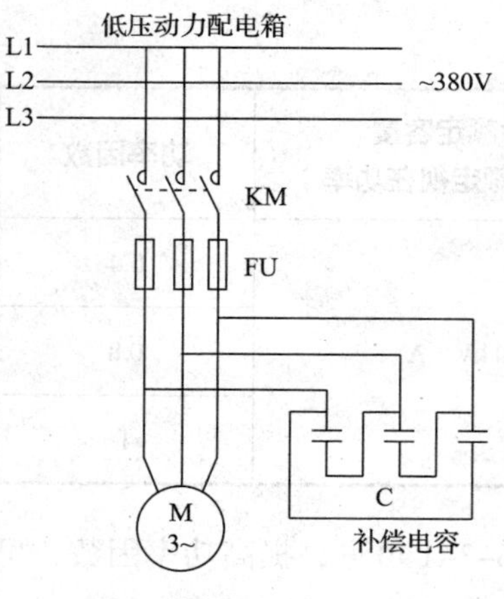

图 6–3–2

要点提示

（1）并联电容器前后，因为所加电压和负载参数没有改变，所以感性负载的电流 $I_L=\dfrac{U}{\sqrt{R^2+X_L^2}}$不变；感性负载的功率因数 $\cos\varphi=\dfrac{R}{\sqrt{R^2+X_L^2}}$也不变，但电压 u 和线路电流 i 之间的相位差减小到φ'，因此 $\cos\varphi'>\cos\varphi$，即整个电路的功率因数提高了。

（2）由相量图可知，并联电容器以后线路电流减小了（$I'<I$），因而减小了功率损耗。

（3）并联电容器后有功功率并未改变，即 $P=UI\cos\varphi=UI'\cos\varphi'$，因为纯电容是不消耗功率的。

（4）在感性负载两端并联电容器后，阻抗角减小，功率因数提高，电源与负载之间的能量互换减少，这时感性负载所需要的无功功率大部分或全部由并联的电容器供给，也就是说能量的互换主要或完全发生在感性负载和并联的电容器之间。

（5）通常采用欠补偿方法，一般补偿到 0.9 以上即可，这样不改变电路的性质。

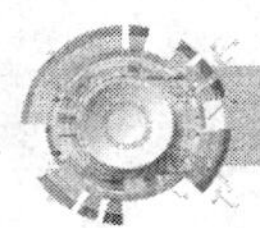

课题小结

（1）提高功率因数的意义是：1）________________________；2）________________________。

（2）提高功率因数的方法有：1）________________________；2）________________________。

五、自我检测

1. 填空题

（1）在电源电压一定的情况下，对于相同功率的负载，功率因数越低，电流越________，供电线路上的电压降和功率损耗也越________。

（2）在工厂供配电系统中，常采用____________、____________、____________等不同的补偿方式。其中，____________方式初投资较少，且便于控制和维护，所以应用更为广泛。

2. 计算题

（1）已知某发电机的额定电压为 220 V，视在功率为 440 kV · A。

1）用该发电机向额定工作电压为 220 V，有功功率为 4.4 kW，功率因数为 0.5 的用电器供电，能供多少个用电器？

2）若把功率因数提高到 1，则能供多少个用电器？

（2）某工厂供电变压器至发电厂间输电线的电阻为 5 Ω，发电厂以 10 kV 的电压输送 500 kW 的功率。当功率因数为 0.6 时，输电线上的功率损耗是多大？若将功率因数提高到 0.9，则每年能节约多少电能？（设每年按 365 天计算）